Nordrhein-Westfälische Akademie der Wissenschaften

Natur-, Ingenieur- und Wirtschaftswissenschaften   Vorträge · N 409

Herausgegeben von der
Nordrhein-Westfälischen Akademie der Wissenschaften

HOLGER W. JANNASCH
Neuartige Lebensformen an den Thermalquellen
der Tiefsee

Westdeutscher Verlag

396. Sitzung am 3. November 1993 in Düsseldorf

Die Deutsche Bibliothek – CIP-Einheitsaufnahme

Jannasch, Holger W.:
Neuartige Lebensformen an den Thermalquellen der Tiefsee / Holger W. Jannasch. – Opladen: Westdt. Verl., 1994
  (Vorträge / Nordrhein-Westfälische Akademie der Wissenschaften: Natur-, Ingenieur- und Wirtschaftswissenschaften; N 409)
  ISBN 3-531-08409-7
NE: Nordrhein-Westfälische Akademie der Wissenschaften (Düsseldorf): Vorträge / Natur-, Ingenieur- und Wirtschaftswissenschaften

---

Der Westdeutsche Verlag ist ein Unternehmen der Bertelsmann Fachinformation.

© 1994 by Westdeutscher Verlag GmbH Opladen
Herstellung: Westdeutscher Verlag
Satz, Druck und buchbinderische Verarbeitung: Boss-Druck, Kleve
Printed in Germany
ISSN 0944-8799
ISBN 3-531-08409-7

Inhalt

Holger W. Jannasch, Woods Hole MA, USA
Neuartige Lebensformen an den Thermalquellen der Tiefsee 7
    Entdeckung der Tiefseeoasen 9
    Der Chemismus der Tiefseequellen 11
    Chemosynthese (Chemoautolithotrophie) 15
    In situ-Messung der bakteriellen Chemosynthese 26
    Chemosynthetische Symbiose 28
    Hyperthermophile Archaeen 34
    Quantitative Schätzungen 37
    Schlußbemerkungen 38
    Zusammenfassung 40
    Literatur 42

Diskussionsbeiträge
    Professor Dr. agr. *Fritz Führ;* Professor Dr. rer. nat. *Holger Jannasch;* Professor Dr. rer. nat. habil. *Alfred Pühler;* Professor Dr. rer. nat. *Werner Schreyer;* Professor Dr. rer. nat., Dr. h. c. mult. *Günther Wilke;* Professor Dr. phil. *Lothar Jaenicke;* Professor Dr. rer. nat. *Hermann Sahm;* Professor Dr. rer. nat. *Dietrich Neumann;* Professor Dr. rer. nat. *Ulrich Thurm* ... 45

> „The internal heat of a planet, mostly of radioactive origin, in theory would provide an alternative to incoming radiation though we have little precedent as to how an organism could use it."
>
> Hutchinson 1965

Weiße Flecken im Atlas waren noch vor gar nicht langer Zeit der Magnet, der geographische Entdecker anzog, mögen sie ethnologisch, geologisch oder biologisch orientiert gewesen sein. Ihre Berichte gehörten zu der beliebtesten Volkslektüre. Manche von uns lesen sie heute noch mit einem geheimen Bedauern, nicht mehr in diese Zeit zu gehören. Wenigen aber fällt auf, daß uns der größte Teil der Erdoberfläche noch unbekannt ist und auf dem Globus weiß einzutragen wäre, nämlich der Meeresboden. Tatsächlich sind noch nicht die notwendigen Instrumente entwickelt worden, um die Meerwasserschicht über dem größten Teil der Erdoberfläche für genauere Beobachtungen optisch oder elektronisch zu durchdringen. Akustische Messungen liefern nur topologische Überblicke. Photographisch kennen wir einen weitaus größeren Teil der Mondoberfläche als von unserer eigenen Erde. Nur Momentaufnahmen sind von winzigen Abschnitten der Tiefsee gemacht worden, die sie als eine Wüste mit einer höchst spärlichen Tierwelt erscheinen lassen.

Bezeichnet man als Tiefsee den Teil der Ozeane, der unterhalb einer Tiefe von 1000 m liegt, dann nimmt ihr Volumen etwa 75% der Biosphäre unseres Planeten ein (Abb. 1). Der terrestrische Teil der Biosphäre ist schwerer zu definieren, aber umfaßt nicht mehr als 1 bis 3%. Der weitaus größte Teil der Biosphäre liegt also in ewigem Dunkel, hat eine Temperatur von 2–4 °C und ist mit der Tiefe ansteigenden Drucken ausgesetzt. Dem Wüstencharakter der Tiefsee liegt aber hauptsächlich die begrenzende Menge organischen Kohlenstoffs zugrunde, der die Energiequelle für den heterotrophen Stoffwechsel der Tiere darstellt. Etwa 95% des im Oberflächenwasser photosynthetisch gebildeten organischen Kohlenstoffs, der Phytoplanktonmasse in dieser etwa 300 m mächtigen Wasserschicht, wird im selben Bereich wieder abgebaut und rezirkuliert (Honjo und Manganini, 1993). Die verbleibenden 5% sinken in partikulärer Form in die Tiefe ab. Weitere 4/5 davon werden auf diesem Weg durch die Wassersäule abgebaut, so daß nur etwa 1% des photosynthetisch gebildeten Materials den Meeresboden in 3000 bis 4000 m Tiefe erreicht; etwas mehr in flacheren und weniger in tieferen Teilen der Ozeane. Diese allgemeinen Durchschnittswerte schließen die extremen Werte in tropischen und polaren Meeresteilen ein. Der Nährstoffaustausch zwischen den reicheren Küstengewässern und der Tiefsee spielt in diesem Rahmen eine geringe

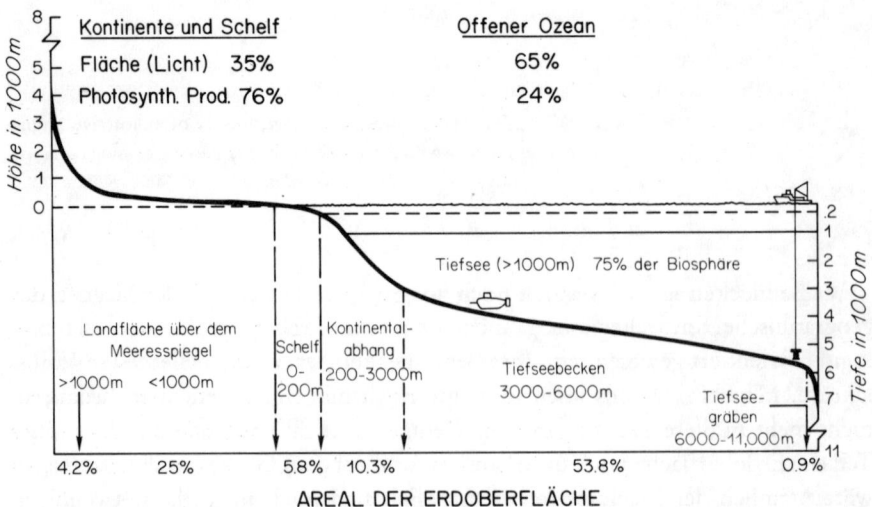

Abb. 1: Struktur der globalen Biosphäre: Während die mittlere Tiefe (Volumen/Oberfläche) des terrestrischen Teiles bei etwa 10 bis 50 m angesetzt werden kann, beträgt sie im ozeanischen Teil 3800 m.

Rolle. Der Wüstencharakter der Tiefsee, der auf diese geringe Nahrungszufuhr zurückgeht, zeigt sich besonders in dem geringen Sauerstoffverbrauch durch Atmung, der dazu führt, daß das Tiefenwasser trotz hohen Alters (bis zu 800 Jahren) nicht weniger als die halbe Luftsättigung mit Sauerstoff zeigt (etwa 4 mg/l). Diese Tatsache ist von großer Wichtigkeit für das hier behandelte Phänomen der Effizienz der aeroben Oxidation von reduzierten Schwefelverbindungen.

Nachdem zur Zeit des englischen Ozeanographen Forbes in der ersten Hälfte des vorigen Jahrhunderts die Tiefsee noch als unbelebt angesehen wurde, hat die Challenger-Expedition (1873-76) eine Vielzahl verschiedener Organismen in allen Tiefen gefunden. In der Zwischenzeit haben systematische Untersuchungen prinzipiell eine hohe Artenvielfalt bei einer minimalen Individuenzahl festgestellt (Sanders et al. 1972). Bei den riesigen Ausmaßen der Tiefsee haben diese Untersuchungen jedoch nur Stichprobencharakter. Deshalb war es möglich, in unserer technisch so fortgeschrittenen Zeit noch eine Entdeckung zu machen, wie sie eigentlich in das 19. Jahrhundert gehört: ausgedehnte vulkanisch geprägte Landschaften mit völlig neuen und reichen Lebensgemeinschaften von Tieren, deren Morphologie, Entwicklungsgeschichte, Physiologie und Biochemie unerwartet neue Züge tragen.

Entdeckung der Tiefseeoasen

Es begann in den siebziger Jahren mit dem Interesse der Ozeanographen, die Theorie der Plattentektonik mit in situ-Beobachtungen zu unterbauen. Geomagnetische Untersuchungen am mittelatlantischen Rücken hatten in den fünfziger Jahren schon gezeigt, daß dieses sich bis zu 2000m über dem Meeresboden erhebende Gebirge geologisch jüngsten Datums zu sein schien und aus relativ frischen Eruptivgesteinen aufgebaut sein könnte. Mit Kabeln manipulierte Tiefseekameras brachten tatsächlich Bilder frischer Pillowlava zur Oberfläche und bestätigten diese Annahme. Um die Zufälligkeit und schwierige Kontrolle solcher Unterwasseraufnahmen vom Schiff auszuschalten, schienen zwei für die Wissenschaft gebaute Tauchboote, ein amerikanisches und ein französisches, die geeigneten Mittel zu sein. Auf der gemeinsamen FAMOUS-Expedition 1975 (French American Mid-Ocean Undersea Study) wurde erstmals die ozeanisch-tektonische Spreitungs- oder Spaltungszone im Mittelatlantik südwestlich der Azoren mit ihren geologischen und geophysikalischen Charakteristika beschrieben (Ballard and van Andel, 1977). Für das Auseinanderweichen der Platten wurde eine Geschwindigkeit von 2 cm pro Jahr berechnet. Vulkanische Ausbrüche resultieren in der Neubildung von Erdkruste in Form von verschieden geformter Lava. Anzeichen von ungewöhnlichen Tierpopulationen wurden damals nicht gefunden.

Es bestand noch die weitere Theorie, daß an aktiven tektonischen Spaltungszonen die periodische Erwärmung und Abkühlung der darunterliegenden Magmakammer eine Seewasserzirkulation durch die oberen 3–4 km dicken Schichten der neugebildeten Kruste hervorrufen könnte. Die Temperatur des auf dem Meeresboden austretenden geothermalen Wassers wurde auf 350 °C vorausberechnet. Auch war es zu erwarten, daß dieses austretende Seewasser eine durch Hitze stark veränderte chemische Zusammensetzung haben müßte (Rona et al., 1983, siehe unten).

Die nächste Expedition mit dem Tauchboot ALVIN (vgl. Tafel I) zu der Galapagos Rift Spaltungszone im Januar 1977 suchte, unter anderem, Tiefenwasser mit Temperaturen höher als 2–3° zu finden. Nicht nur fanden die marinen Geologen dabei in einer Tiefe von 2550 m warme Quellen (zunächst mit Temperaturen von bis zu 23 °C), sondern sie landeten auch mitten in einer Oase von Tieren, deren Neuartigkeit ihnen sofort bewußt war (Corliss et al., 1979). Felder von 10 bis 20 m Durchmesser waren von Muschelkolonien überzogen, wie sie im Küstenbereich nicht dichter auftreten können (Tafel II). Neben diesen der Miesmuschel ähnlichen Mollusken (*Bathymodiolus thermophilus*, Kenk und Wilson, 1985) von 10–15 cm Länge wurden in Lavaspalten Mengen ungewöhnlich großer weißer Muscheln (*Calyptogena magnifica*, Boss und Turner, 1980) von 22–26 cm Länge (Tafel III) und die rätselhafte Abwesenheit kleinerer Exemplare beobachtet (worauf später zurückzukommen sein wird). Den spektakulärsten Anblick jedoch boten aufrechtstehende 1–2 m lange Röhrenwürmer (*Riftia pachyptila*, Jones, 1980, Tafel IV). Aus den schneeweißen 3–5 cm dicken Röhren ragten 20–30 cm lange dunkelrote Federbüschel, später als hämoglobinenthaltende Kiemen erkannt.

Der Schreiber dieser Zeilen hörte den Bericht des Kollegen am Telephon direkt nach dem Auftauchen der ALVIN. Die drei zum Ozeanographischen Institut in Woods Hole gehörigen Forschungschiffe nehmen jeden Tag zu einer gewissen Zeit Verbindung mit dem 'home port' auf, wobei der Kapitän und der leitende Wissenschaftler kurz berichten. Der Beschreibung nach war für einen Mikrobiologen die Lösung des Rätsels, die Produktion einer so gewaltigen Biomasse in Abwesenheit von Licht, in der mikrobiellen Chemosynthese zu suchen. Auf einen sofort verfaßten Forschungsantrag hin und nach gründlichen Vorbereitungen waren die Biologen im Januar 1979 zur Stelle, um selbst mit ALVIN zu den Oasen auf dem Galapagos Rift zu tauchen (Jannasch and Wirsen, 1979, 1981; Karl, 1980). Heute, nach fast fünfzehn Jahren und Untersuchungen an etwa fünfzig verschiedenen Typen von Tiefseequellen, sind viele der damals auftauchenden biologischen Fragen gelöst, einige allerdings noch nicht (Jannasch, 1989).

Die geologische, geophysikalische und geochemische Beschreibung der ozeanischen tektonischen Spaltungszonen und die erste Zusammenfassung der mikrobiologischen und zoologischen Beobachtungen an den heißen Tiefseequellen sind gemeinsam in einem Buch veröffentlicht worden (Rona et al., 1983).

Auch sei hier vorausgenommen, daß die Tiefseequellen durch kontinuierliches Ablagern von Mineralien ein relativ kurzes Leben haben, d. h. sie verstopfen und brechen an anderen Stellen erneut wieder aus. Diese Kurzlebigkeit, die auf Zeitabstände zwischen 10 und 100 Jahren geschätzt wird, bedeutet für die Quellfauna ein dauerndes Absterben und Neubesiedeln. Solange sie lebt, produziert die Quellfauna, ohne Unterbrechung durch tages- oder jahreszeitliche Rhythmen, planktische Larvenstadien, die sich mit den Wolken des Thermalwassers weit verbreiten, um neue Quellgebiete zu finden. Eine Studie über die Besiedlung eines solchen neuen, aus frischer glasiger obsidian-artiger Lava gebildeten Quellgebietes wird zur Zeit an der zentralen ostpazifischen Spaltungszone durchgeführt. Sobald der H_2S-Fluß einer Quelle versiegt, stirbt die Fauna ab. In kürzester Zeit haben die Predatoren, meist Crustaceen, alles organische Material einschließlich der Wurmröhren aufgezehrt, und nur die Schalen der Muscheln bleiben zurück. Auch die großen *Calyptogena*-Schalen lösen sich dann im Laufe von etwa zwanzig Jahren auf. Aufsätze über die Ökologie dieser Lebensgemeinschaft finden sich in der Zeitschrift Oceanus (Vol. 27, Heft 3, 1984) und in einer Sammelpublikation, herausgegeben von M. L. Jones (1985).

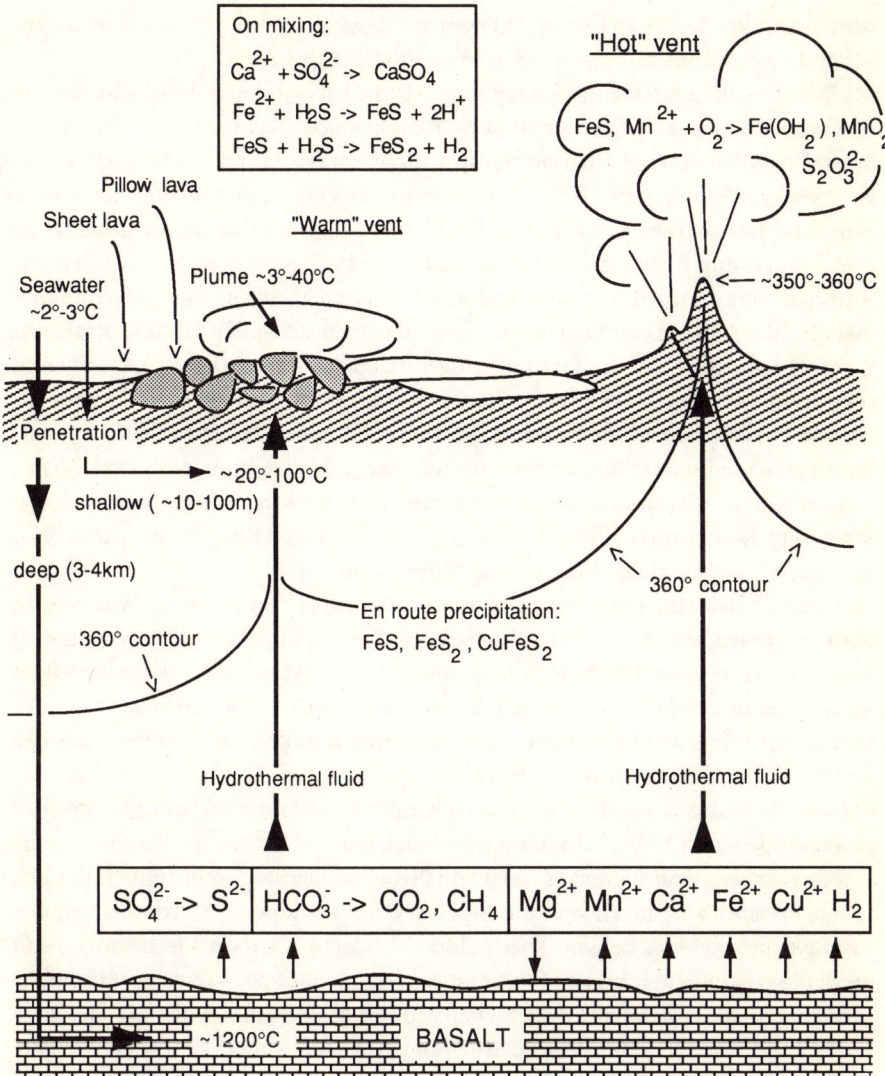

Abb. 2: Schema der Meerwasserzirkulation durch die ozeanische Erdkruste an den tektonischen Spaltungszonen (modifiziert nach Jannasch und Mottl, 1985).

Der Chemismus der Tiefseequellen

Wie schon oben gezeigt wurde, reicht die Menge photosynthetischer organischer Substanz nur zum Unterhalt einer spärlichen Tiefseefauna aus. Wenn es nicht das Sonnenlicht ist, was ist dann die Quelle der Energie für Leben im permanenten Dunkel der Tiefsee? Die Antwort zu dieser Frage liegt in dem ungewöhnlichen Chemismus der austretenden Hydrothermalflüssigkeit.

Hohe Drucke und Temperaturen in der Erdkruste sind geophysikalische Formen von Energie, die, über chemische Reduktionen, zu einer biologisch nutzbaren Form chemischer Energie transformiert werden können. Die Zirkulation von Seewasser durch die ozeanische Kruste passiert mehrere Kilometer tiefe Zonen bei hohen Temperaturen and Drucken, bei denen verschiedene Mineralien gelöst und reduziert werden (Abb. 2). Sulfat wird vollständig zu Schwefelwasserstoff reduziert und größtenteils schon auf dem Weg in die Tiefe in Form von Polymetallsulfiden ausgefällt. In größerer Tiefe der ozeanischen Kruste (2–3 km) wird weiterer Schwefel aus dem Basalt herausgelöst, so daß das wiederaufsteigende und thermisch veränderte Seewasser, die Hydrothermalflüssigkeit oder kürzer das Thermalwasser, einen hohen Gehalt an Schwefelwasserstoff hat (Tabelle 1). Er ist als Elektronendonator für die chemosynthetische Nahrungskette der wichtigste Bestandteil. In Gegenwart freien Sauerstoffes als Elektronenakzeptor setzt die Schwefelwasserstoffoxidation die Energie frei, die zu der Reduktion von anorganischem zu organischem Kohlenstoff führt (siehe unten).

Andere Elektronendonatoren für die Chemosynthese sind Wasserstoff, Methan, reduzierte Stickstoffverbindungen, Fe^{2+} und Mn^{2+}. Der Wasserstoff kann zur anaeroben Chemosynthese führen. Vom Methan ist das noch nicht bekannt, obwohl der anaerobe Abbau von bestimmten Kohlenwasserstoffen in Gegenwart von Sulfat bei höheren Temperaturen kürzlich nachgewiesen worden ist (F. Widdel, Publikation im Druck).

Das Thermalwasser tritt in zwei charakteristischen Quelltypen auf dem Meeresboden aus (Abb. 2). In der porösen Schicht von Pillowlava kann sich eine Gegenströmung von kaltem, sauerstoffhaltigen Seewasser herausbilden, die sich in einer Tiefe von einigen bis zu möglicherweise einhundert Metern der oberen Lavaschicht mit dem heißen Thermalwasser mischt. Das am Meeresboden mit einer Geschwindigkeit von 1–3 m/min austretende warme Wasser mit Temperaturen bis zu 40°C bezeichnet die Stellen größter biologischer Aktivität und dichtester Populationen. Metallsulfidausfällungen finden außerhalb, aber auch im Inneren der Quellkanäle statt und sind der Grund dafür, daß die Quellen sich relativ schnell durch solche Ablagerungen verstopfen, um an anderen Stellen wieder auszubrechen.

Dort, wo das heiße Thermalwasser unvermischt mit kaltem Seewasser austritt, hat es sehr viel höhere Flußraten (1–3 m/sec) und die vorausgesagten Temperaturen von 350° bis 360°C. Hier finden die Ablagerungen von Metallsulfiden und Kalziumsulfat an Ort und Stelle statt. Sie manifestieren sich in der Form von „Schornsteinen" und großen Wolken feiner Sulfidpartikel, die diesen Quellen den Namen „black smokers" verliehen haben (Tafel V). Die mineralische Zusammen-

Tabelle 1: Für mikrobiologische Prozesse wichtige Ionen im Thermalwasser zweier Quellgebiete: GB = Guaymas Basin (2010 m tief) und 21°N auf dem ostpazifischen Rücken (2605 m tief); SW = die entsprechenden Werte im Meerwasser zum Vergleich (Daten aus Welhan and Craig, 1983; Edmond and Von Damm, 1985; Jannasch and Mottl, 1985)

		GB	21°N	SW
Eisen	(µM)	56	1664	0.001
Mangan	(µM)	139	960	0,001
Kobald	(nM)	5	213	0,03
Kupfer	(µM)	1	35	0,007
Zink	(µM)	4	106	0,01
Silber	(nM)	230	38	0,02
Blei	(nM)	265	308	0,01
Magnesium	(mM)	29	0	52,7
Kalzium	(µM)	29	15,6	10,2
Natrium	(mM)	489	432	464
Chlorid	(mM)	601	489	541
Sulfat	(mM)	0	0	27,9
Silikat	(mM)	13	18	0,16
Aluminium	(µM)	1	5	0,01
Schwefelwasserstoff	(mM)	5,8	7,3	0
Ammoniak	(mM)	15	0	0
Wasserstoff	(mM)	8	50	0,001
Methan	(mM)	1	1.6	0,001
pH		5,9	3.4	8,1

setzung der Schornsteine spiegelt den Vorgang der Kristallisation verschiedener Mineralien bei bestimmten Temperaturen wieder. Auch diese „Schornsteine", im Inneren meist mit einer Schicht von goldenen Pyrit- (FeS_2) oder schwarzblauen Wurtzitkristallen (ZnS) überzogen, verstopfen in gewissen Zeitabständen, um an anderen Stellen wieder auszubrechen.

In Tabelle 1 ist die chemische Zusammensetzung des typischen marinen Thermalwassers an den Ostpazifischen Quellen (21°N) derjenigen des mit Sedimenten überlagerten Quellgebietes im Guaymas Becken (GB) des Golfes von Kalifornien (Abb. 3) und, zum Vergleich, der normalen Seewasserzusammensetzung gegenübergestellt. Im Guaymas Becken findet eine Ablagerung von Metallsulfiden bereits beim Durchdringen der Sedimente statt, weshalb die Ionenkonzentrationen im Quellwasser generell geringer sind als die im Ausfluß der sedimentfreien Quellen (Edmond und von Damm, 1985). Mangan und Eisen erreichen die höchsten Werte, gefolgt von einer langen Liste anderer Kationen, die bei der Ausfällung von verschieden gefärbten Sulfiden bei der Mischung mit kaltem Seewasser fraktioniert werden. Der Sulfidausfällung entsprechend ist der pH der Thermalflüssigkeit am Guaymas Becken höher als der an den sedimentfreien Quellen. Deshalb sind die „smoker" im Guaymas Becken oft transparent und

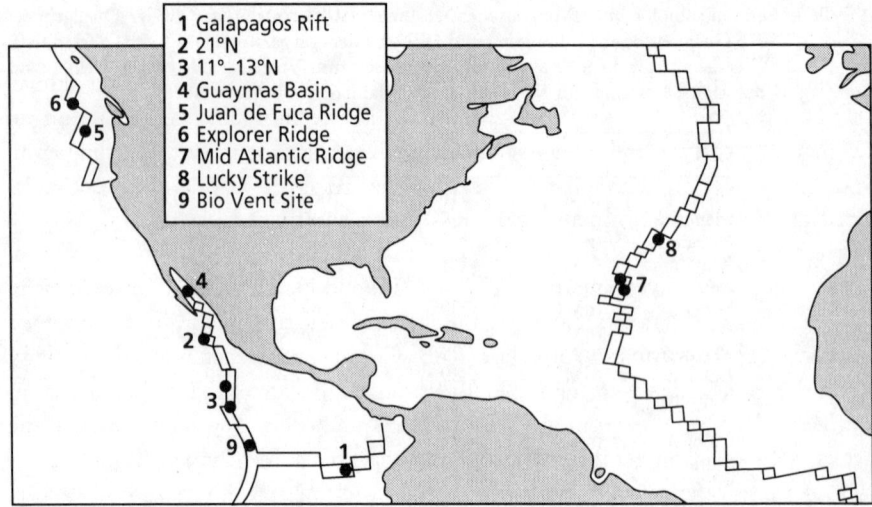

Abb. 3: Übersichtskarte der wichtigsten bisher untersuchten Tiefseethermalquellgebiete am Galapagos Rift und den ostpazifischen und mittelatlantischen tektonischen Spaltungzonen. Die Zahlen entsprechen der Entdeckungsfolge im Zeitraum von 1977 bis 1993.

nicht schwarz, d. h. voller Sulfidpartikel wie an den 21°N Quellen. Ausreichend reduzierte Stickstoffverbindungen (NH_3) kommen nur sekundär in solchen Thermalwässern vor, die organisch angereicherte Sedimente durchdringen. Der aus dem Basalt herausgelöste Stickstoff wird im allgemeinen zu N_2 reduziert. Das Thermalwasser ist weiterhin mit einer Reihe anderer Ionen angereichert, von denen einige für biologische Prozesse von Bedeutung sind.

Eine interessante Ausnahme bildet das Magnesium, das den umgekehrten Weg geht (Abb. 2). Es wird aus dem eindringenden Seewasser resorbiert und ist im austretenden Quellwasser nicht zu finden. Es wird als Indikator bei der Vermischung von Seewasser mit Thermalflüssigkeit benutzt. Die Anreicherung von Kalzium führt bei der Mischung von Thermalflüssigkeit mit dem sulfathaltigen Seewasser zur Abscheidung von Anhydriten (Kalziumsulfat oder Gips). Die Schornsteine der „smokers" bestehen aus einem Gemisch von Anhydriten und Polymetallsulfiden. Das Anhydrit kann bei größeren Temperaturen zu großen, glasklaren Kristallen anwachsen, die mit manchen „smoker"-Stücken gesammelt werden können, allerdings nach dem Abkühlen und an der Luft zu körnigem Gips zerfallen. Auch im Seewasser lösen sich die Anhydritbestandteile der „smoker"-Wand nach Abkühlung auf. Deshalb haben manche dieser Wände eine poröse Struktur, die es hyperthermophilen Bakterien möglich macht, in den Temperatur- und Substratgradienten dieser Standorte zu wachsen (siehe weiter unten und Abb. 9).

Chemosynthese (Chemoautolithotrophie)

Die für Chemosynthese wichtigsten Verbindungen in Tabelle 2 sind der Schwefelwasserstoff und Wasserstoff. Bestimmte reduzierte anorganische Verbindungen können im Stoffwechsel mancher Bakterien als Elektronendonatoren fungieren. In Anwesenheit eines geeigneten Akzeptors liefern sie die Oxidationsenergie, die zur Reduktion von anorganischem (CO_2) zu organischem Kohlenstoff ([CH_2O]) notwendig ist. Der Stoffwechsel dieser Organismen wird als chemo-auto-lithotroph oder chemosynthetisch bezeichnet (Tabelle 2). Definiert man diejenigen Organismen als Pflanzen, die anorganischen Kohlenstoff mit Hilfe des Enzyms Ribulose-1,5-diphosphat-carboxylase (RuBisCo) in organischen überführen, dann kann man die chemosynthetischen Bakterien als Pflanzen bezeichnen, die im Dunkeln zu wachsen vermögen. Tatsächlich umfassen Bakterien generell alle sechs in Tabelle 2 aufgeführten Stoffwechselmerkmale. Sie können also nicht nur wie Pflanzen oder wie Tiere leben, sondern kombinieren in ihrem Stoffwechsel alle deren wesentlichen physiologischen Eigenschaften. Die bakterielle Chemotrophie kann sich auf anorganische sowie auf organische Elektronendonatoren beziehen.

Die für Chemosynthese wichtigsten Elektronendonatoren in Tabelle 1 sind Schwefelwasserstoff und Wasserstoff. Der wirksamste Elektronenakzeptor ist der freie Sauerstoff. Die in den Tabellen 3 und 4 angegebenen Werte für die Erträge an freier Energie sind für normalisierte Bedingungen berechnet (pH 7, 25 °C, 1 atm) und vernachlässigen notwendigerweise die unbekannten und wechselnden in situ-Bedingungen an den typischen Mikrostandorten der Bakterien. Der Betrag an freier Energie, der bei der Oxidation von H_2S frei wird, reicht zur Reduktion eines Moleküls CO_2 aus (Tabelle 3). Diese Reaktion ist der bakteriellen Photosynthese ähnlich, die in Abwesenheit von Sauerstoff aber endergon ist, d.h. freie Energie verbraucht und auf Licht angewiesen ist.

Tabelle 2: Allgemeine Terminologie der Stoffwechseltypen

Quelle:				
der Energie	des Kohlenstoffs	der Elektronen		
Photo-	auto-	litho-		(Pflanzen)
		trophie		(Bakterien)
Chemo-	hetero-	organo-		(Tiere)

Photo-auto-litho-trophie = Photosynthese
Chemo-auto-litho-trophie = Chemosynthese

Tabelle 3: Photosynthese, aerobe und anaerobe Chemosynthese. Reaktion und freie Energie ($\Delta G°$, in kcal/mol der Elektronendonatoren)

Photosynthese, Grüne Pflanzen:

$$CO_2 + H_2O \xrightarrow{[Licht]} [CH_2O] + O_2 \qquad +114.9$$

Photosynthese, Bakterien:

$$CO_2 + 2H_2S \xrightarrow{[Licht]} [CH_2O] + 2S^0 + H_2O \qquad +118.3$$

Chemosynthese (aerob), Bakterielle Sulfidoxydation:

$$H_2S + 2O_2 \longrightarrow H_2SO_4 \qquad -168.7$$

$$CO_2 + 3H_2S + 2O_2 \longrightarrow [CH_2O] + 2S^0 + H_2SO_4 + H_2O \qquad \mathbf{-50.4}$$

Chemosynthese (anaerob), Bakterielle Methanogenese:

$$CO_2 + 4H_2 \longrightarrow CH_4 + 2H_2O \qquad -33.3$$

$$2CO_2 + 6H_2 \longrightarrow [CH_2O] + CH_4 + 3H_2O \qquad \mathbf{-8.1}$$

Das oben erwähnte Hydrothermalgebiet im Guaymas Becken (Golf von Kalifornien), wo der Austritt von heißer Hydrothermalflüssigkeit in 2000 m Tiefe von einer 400 m dicken Sedimentschicht überlagert ist, hat eine ganz besondere aerobe chemosynthetische Bakterienflora. Als Winogradsky 1887 zum ersten Mal die Chemo-auto-trophie beschrieb (die Pfeffer bereits in seinem Lehrbuch der Pflanzenphysiologie von 1897 als Chemosynthese der Photosynthese gegenüberstellte), tat er das an *Beggiatoa*, einem filamentösen, sehr großen Bakterium, das im Süß- und Seewasser an der Grenzschicht zwischen Sauerstoff und Schwefelwasserstoff vorkommt. Bis zu 3 cm dicke weiße bis gelbe Matten von diesem Bakterium bedecken die Sedimente des Guaymas Basins, wo hydrothermaler Schwefelwasserstoff diffusiv austritt (Nelson et al., 1989). Nirgendwo sonst in der Biosphäre kommen Bakterien in solchen Mengen vor. Sie werden von ALVIN mit einer Art Unterwasserstaubsauger („slurp gun") abgeerntet.

Wie ist es möglich, daß man in Kulturgefäßen diese Bakterienmatte an einer H_2S/O_2-Grenzschicht mit einer Dicke von nicht mehr als 0,5 mm züchten kann? Bei einer Messung des Vertikalprofils von H_2S, O_2, pH und Temperatur mit

Tafel I: Das Tauchboot ALVIN hat eine maximale Tauchtiefe von 4500 m, nimmt einen Piloten und zwei Wissenschaftler auf, ist mit je einem mechanischen und hydraulischen Greifarm und einem „Korb" ausgestattet, der Instrumente und Probenmaterial von bis zu 150 kg in beiden Richtungen transportieren kann. Das Tauchboot bringt gewöhnlich 7 bis 9 Stunden unter Wasser zu, wobei, bei einer Sink- und Steiggeschwindigkeit von etwa 35 m/min, je nach Tauchtiefe 2 bis 4 Stunden auf das Ab- und Aufsteigen entfallen. Verschiedene Kameras können angeschlossen werden und alle gemessenen Daten werden im Bordrechner gespeichert. ALVIN wird seit 1966 vom Ozeanographischen Institut in Woods Hole betrieben und alle zwei Jahre auf den neuesten technischen Stand gebracht.

Tafel II: Blaue Muscheln, *Bathymodiolus thermophilus*, bis zu 17 cm lang, an der 9°52'N ostpazifischen Spaltungszone in 2520 m Tiefe (Photo Jannasch).

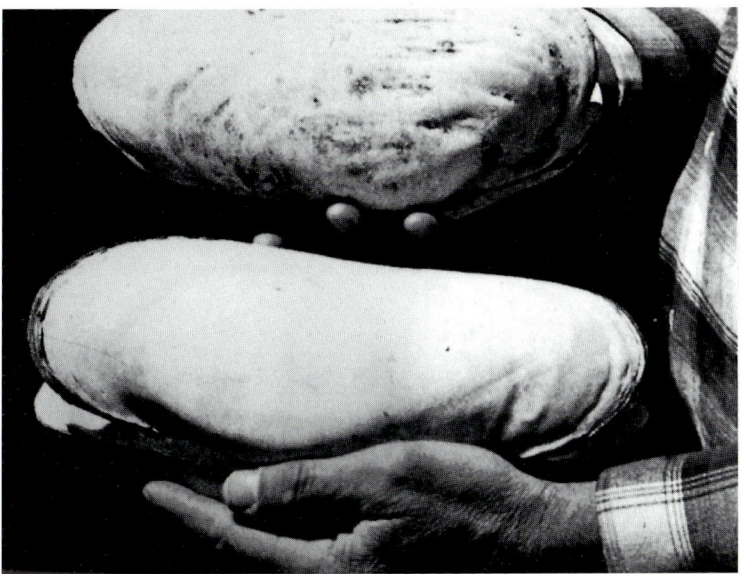

Tafel III: „Große weiße" Muscheln, *Calyptogena magnifica*, bis zu 26 cm lang und 500 g Gewicht an der 21°N ostpazifischen Spaltungszone in 2610 m Tiefe; im Hintergrund Aufwuchsplatten für Larven (Photo Jannasch).

Tafel IV: Dichte Bestände der großen Röhrenwürmer, *Riftia pachyptila*, bis zu 2 m lang und 6 cm dick an der Galapagos Spaltungszone, 0°48'N, in 2550 m Tiefe (Photo Jannasch).

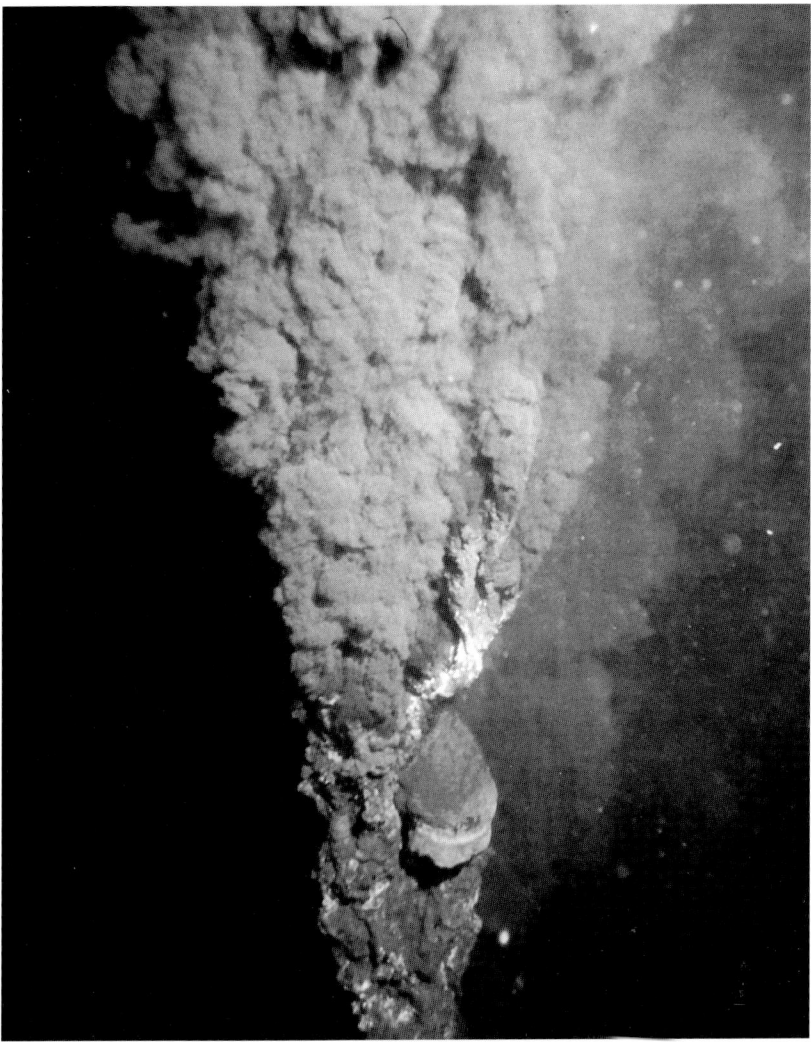

Tafel V: Typischer „smoker" mit einer Temperatur der austretenden Hydrothermalflüssigkeit (2 bis 3 m/sec) von 355 °C (Photo Ballard).

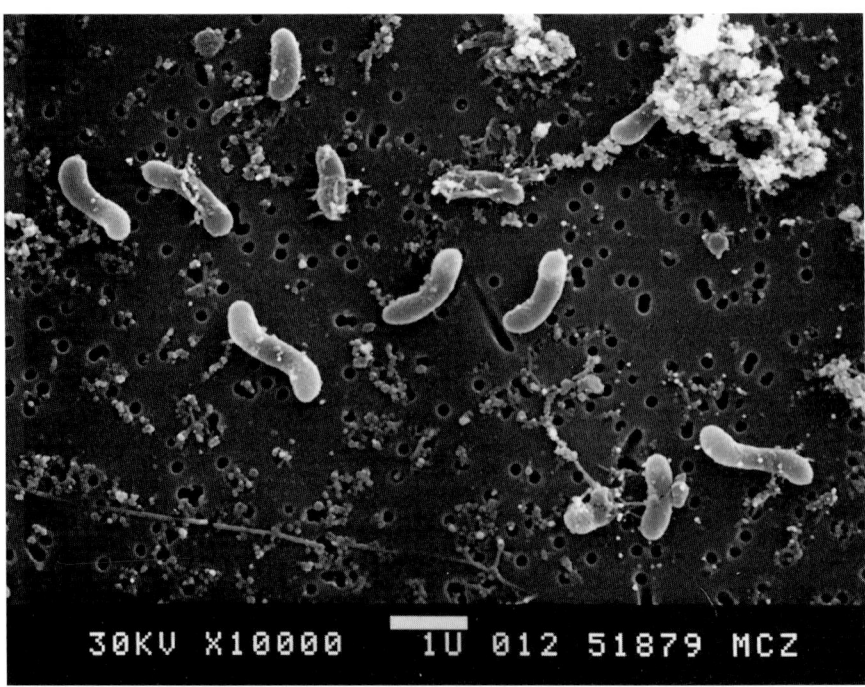

Tafel VI: Rückstand des „trüben" Wassers aus einer warmen (23 °C) Quelle an der Galapagos-Spaltungszone (0°48'N, 2550 m Tiefe) auf einem Nuclepore Filter, Zellzahl 6,5 × 10^6 ml (Raster-Elektronenmikroskop, Maßstab 1 μm).

Neuartige Lebensformen an den Thermalquellen der Tiefsee 23

Tafel VII: Halterung mit sechs Probengefäßen („six packs") zur Messung der Chemosynthese. Die Gefäße werden durch ALVINs rotierende Hand (links oben) mit Bakteriensuspensionen warmer Quellen (Tafel VI) gefüllt und an Ort und Stelle oder im Schiffslabor inkubiert (siehe Text, Photo Karl).

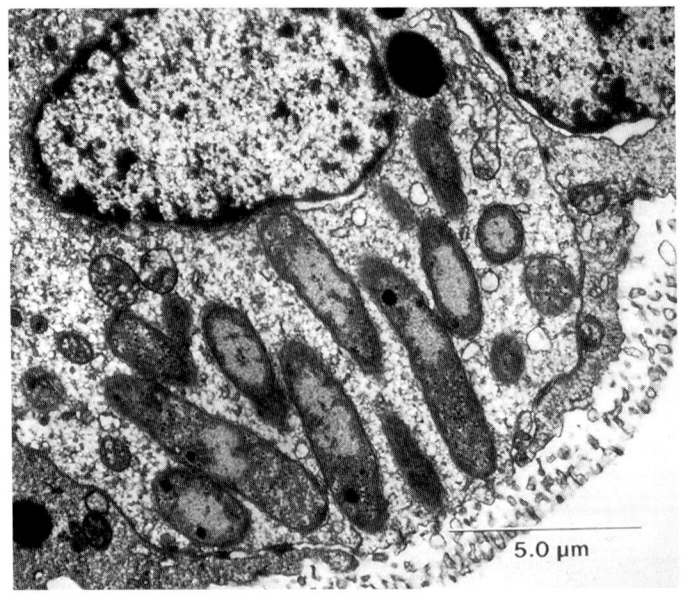

a) Transmissions-Elektronenmikroskopie symbiotischer, chemosynthetischer Bakterien in Kiemenzellen der Muschel *Solemaya redii*, Zellkern oben links (aus Cavanaugh, 1983).

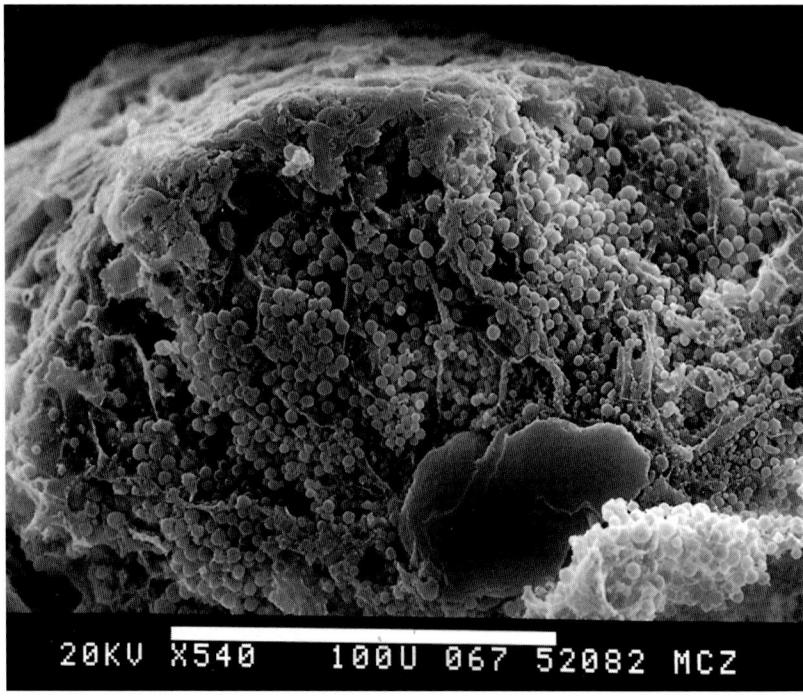

b) Transmissions-Elektronenmikroskopie des Trophosoms von *Riftia pachyptila*, im unteren Bildteil ein Partikel elementaren Schwefels, Maßstab 100 µm (aus Jannasch, 1985).

Tafel VIII

Tabelle 4: An Thermalquellen der Tiefsee nachgewiesene chemosynthetische (chemolithoautotrophe) Prozesse

Elektronen-donatoren	Electronen-akzeptoren	Freie Energie $\Delta G°$ [a]	Temperatur-adaptation [b]	Prozesse
$S^=$	O_2	-190.4	m.; hyp.	Sulfidoxidation
S^o	"	-139.8	m.; hyp.	Schwefeloxidation
$S_2O_3^=$	"	-227.5	m.; hyp.	Thiosulfatoxidation
Fe^{++}	"	-10.6	m.	Eisenoxidation
Mn^{++}	"	-16.3	m.	Manganoxidation
NH_4^+	"	-65.7	m.	Nitrifikation
CH_4	"	-193.5	m.	Methanoxidation
H_2	"	-56.7	m.; hyp.	Wasserstoffoxidation
"	S^o	-23.5	hyp.	Schwefelreduktion
"	$SO_4^=$	-9.1	m.; hyp.	Sulfatreduktion
"	CO_2	-8.3	m.; hyp.	Methanbildung

[a] in kcal/mol des Elekronendonators, berechnet für komplette Oxidationen unter normalisierten Bedingungen: pH 7, 25°C, 1 atm;
[b] m. = mesophil, hyp. = hyperthermophil.

Mikrosonden durch die fünfzigmal dickeren natürlichen Bakterienmatten wurde dann festgestellt, daß die Thermalflüssigkeit nicht konstant aufsteigt, sondern pulsiert (Gundersen et al., 1992). Dadurch fluktuiert auch die H_2S/O_2-Grenzschicht innerhalb der feststehenden filamentösen Bakterienmatten. Das scheint zum Wachstum weit dickerer Matten zu führen als im Falle einer statischen Grenzschicht, eine Erkenntnis, die jetzt zu einer neuen Methode der Massenzüchtung solcher Grenzschichtorganismen ausgearbeitet wird.

Tabelle 3 zeigt auch ein Beispiel der anaeroben Chemosynthese, nämlich die Methanbildung, wobei die Oxidation von sechs Wasserstoffmolekülen genügend freie Energie liefert, noch ein zweites Molekül CO_2 in organisch gebundenen Kohlenstoff umzusetzen. Außer CO_2 können auch elementarer Schwefel und Sulfat als Elektronenakzeptoren benutzt werden (Tabelle 4). Diese bakteriellen Stoffwechseltypen haben die Besonderheit, daß sie hyperthermophil sein können (siehe Seite 34). Welche Bedingungen tatsächlich an den Mikrostandorten der Bakterien herrschen, ist nicht meßbar. Da acidophile, säureliebende Schwefelbakterien oft aus dem alkalischen Seewasser isoliert werden können, wird angenommen, daß sie innerhalb von Bakterienmatten gewachsen sind, in denen eine Polysaccharidmatrix die Säure(Sulfat-)bildung vor der Neutralisation durch das alkalische Seewasser schützt (Ruby et al., 1981).

Unter ähnlichen Bedingungen kann auch die mikrobielle Oxidation von Eisen und Mangan stattfinden. Die Bildung großer Mengen organischer Substanz kann jedoch von dieser Chemosynthese im Vergleich zu der Schwefeloxidation nicht erwartet werden. Stickstoff wird unter den geothermalen Bedingungen zu N_2 reduziert. Ammonium ist nur in der Thermalflüssigkeit aus den sedimentüberlagerten Quellgebieten gefunden worden und stammt hier sekundär aus dem thermalen oder mikrobiellen Abbau organischer Substanzen. Methan wird allgemein als Fermentationsprodukt und damit als organisch angesehen. In den Tiefseequellen ist es aber vorwiegend ein Produkt geothermischer Reduktion. Daher kann die Oxidation von Methan durch Bakterien in diesem Falle durchaus zur Chemosynthese gerechnet werden.

In Tabelle 4 sind alle Stoffwechseltypen der an den Tiefseequellen isolierten chemosynthetischen Bakterien aufgezählt. Dabei spielen eindeutig die aeroben Oxidierer von Schwefelverbindungen bei der chemosynthetischen Produktion von organischer Substanz, der Basis der Nahrungskette an den Thermalquellen, die Hauptrolle.

In situ-Messung der bakteriellen Chemosynthese

Die aus den warmen Quellen aufsteigenden Bakteriensuspensionen zeigen einen für natürliche Bakterienpopulationen ungewöhnlichen, uniformen Zelltyp: kurze Stäbchen und Vibrionen (Tafel VI). Die quantitative Messung der chemosynthetischen Aktivität dieser natürlichen Mischpopulationen durch die Aufnahme ^{14}C-markierten Kohlendioxids oder enzymatisch (durch die RuBisCo-Aktivität) ist mit der Messung der photosynthetischen CO_2-Fixierung fast identisch. Tafel VII zeigt eine Halterung mit sechs Gefäßen von je 200 cm³ Volumen, die mit Hilfe von ALVINs Hand durch ein Schneckengetriebe und eine gemeinsame (in der Abbildung nicht sichtbare) Öffnung an Ort und Stelle gefüllt werden können. Alle sechs Probengefäße sind vorher mit $^{14}CO_2$ beschickt worden, drei von ihnen ebenfalls mit 1,0 µM Thiosulfat. Während von drei solchen „six packs" eins zur Inkubation an Ort und Stelle verblieb (3 °C und 263 atm), wurden zwei andere an Bord des Forschungsschiffes (1 atm) gebracht und einer bei 3°, der andere bei 23 °C inkubiert.

Die Ergebnisse zeigt Abbildung 4 (Jannasch, 1984). Die in situ-Aktivität von $1,2 \times 10^{-6}$ µm $^{14}CO_2$ Fixierung/ml/Tag bei 3 °C bleibt fast unverändert, wenn der in situ-Druck auf 1 atm herabgesetzt wurde (Abb. 4, A und B). Die Bakterien-

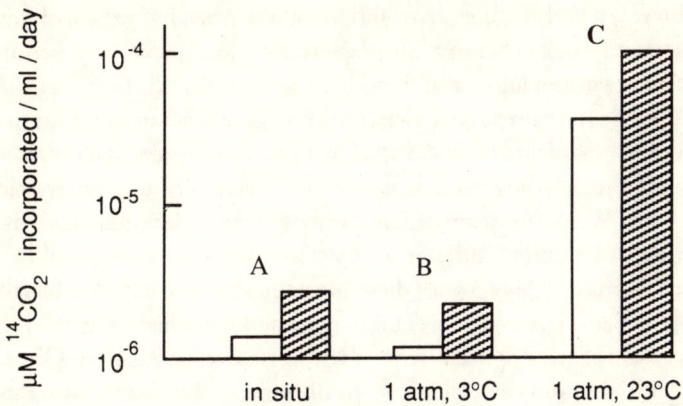

Abb. 4: Daten der Chemosyntheseaktivität, bestimmt mit Hilfe dreier der in Tafel VII dargestellten „six packs" von Probengefäßen; eines davon in situ inkubiert (A), die beiden anderen im Schiffslabor (B und C), siehe Text (aus Jannasch, 1984).

Abb. 5: Schema der Nahrungskette in den Oasen der Tiefseethermalquellen und die zentrale Rolle der Mikroorganismen bei der Umwandlung geothermischer Energie in Biomasse (aus Jannasch, 1994).

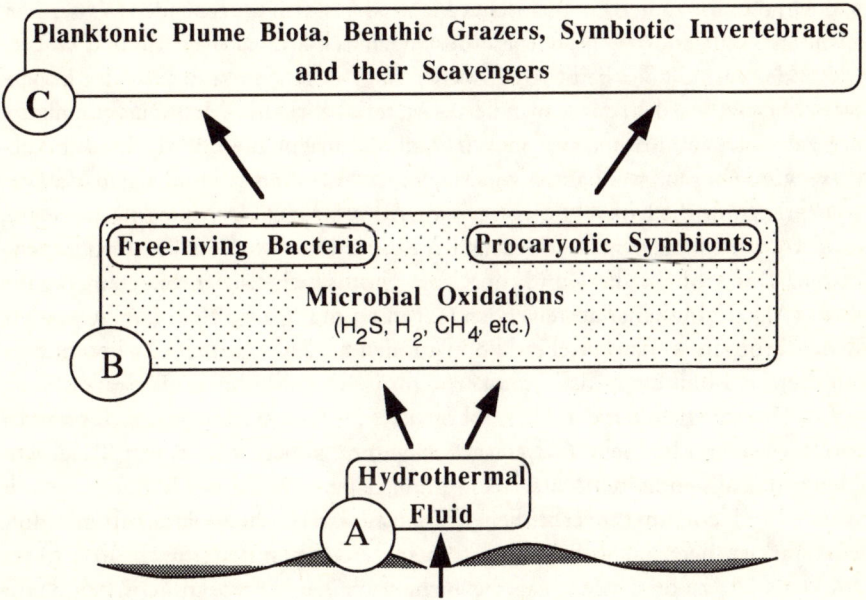

population reagiert also nicht „barophil", d. h. die Aktivität wird nicht durch den herabgesetzten Druck gehemmt. Sie reagiert aber auch nicht „psychrophil", d. h. an tiefe Temperaturen angepaßt, denn bei 23 °C ist die Aktivität deutlich höher (Abb. 4, C). Die starke relative und proportionale Zunahme der Aktivität in den mit Thiosulfat beschickten Gefäßen (schraffierte Kolumnen) zeigt, daß es sich bei der Mehrzahl der Bakterien in diesen Populationen um Schwefeloxidierer handeln muß. Wachstumsexperimente mit isolierten Reinkulturen haben diese Beobachtungen bestätigt (Ruby et al., 1981).

In dem Schema der Abb. 5 wird diese Nahrungskette und die Schlüsselfunktion der an den heißen Tiefseequellen gefundenen chemosynthetischen Bakterien noch einmal verdeutlicht. Zugleich wird zwischen zwei wichtigen Gruppen von Mikroorganismen unterschieden: erstens diejenigen, die freilebend wachsen und, wie oben angedeutet, in einer großen physiologischen Vielzahl vorkommen; zweitens eine weniger vielseitige Population von symbiontischen Bakterien, die in verschiedenen Invertebraten leben.

Chemosynthetische Symbiose

Die Beobachtung der Quellpopulationen von ALVIN aus macht deutlich (Tafeln III, IV), daß der vorwiegende Teil der Biomasse durch die Muscheln und Röhrenwürmer gebildet wird. Da es sich, zumindest bei den Muscheln, um Tiere handelt, die suspendiertes organisches Material aus dem umgebenden Wasser herausfiltern, entstand die Hypothese der thermisch-konvektiven Zelle. Das aufsteigende warme oder heiße Quellwasser muß durch hinzuströmendes Bodenwasser ersetzt werden, das suspendiertes Material enthält, es den Quellpopulationen zentrisch zuführt und sie dadurch ernährt (Enright et al., 1981). Diese Hypothese wurde durch zwei Fakten widerlegt: Der Vorrat an suspendiertem Material ist begrenzt, da die Konvektionsströmung nicht bis zur Meeresoberfläche reicht, sondern, wie Mangananalysen gezeigt haben, nur bis etwa 200m über den Meeresboden. Das schließt die Zuführung von photosynthetisch gebildetem organischem Material in einer absteigenden Gegenströmung aus. Weiterhin zeigen alle Beobachtungen weitaus reichere Populationen an den warmen Quellen mit geringerem Ausfluß als an den „smokern" mit sehr viel höheren Flußraten.

Die Unzulänglichkeit der Thermokonvektions-Idee machte die Ernährung der großen weißen Muscheln, *Calyptogena magnifica*, zunächst zu einem Rätsel. Die Menge des suspendierten Materials in unmittelbarer Nähe der Muschelbestände war viel zu klein, um ihre erheblichen Wachstumsraten zu erklären, die mit Hilfe von Markierungen an den Schalen geschätzt werden konnten (Lutz et al. in Jones, 1985). Es war zu dieser Zeit, daß die Suche nach den chemosynthetischen Bakte-

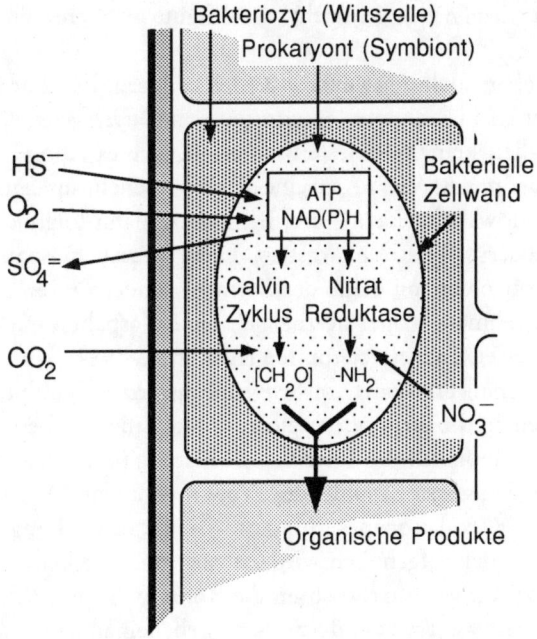

Abb. 6: Schema der Funktion chemosynthetischer Symbionten in Muscheln der Tiefseethermalquellen, z. B. *Calyptogena magnifica* (nach Felbeck et al., 1983, modifiziert).

rien zu der Vermutung führte, daß sie ekto- oder endoymbiotisch mit den Tieren assoziiert sein könnten. Tatsächlich fand man kurz darauf, daß die RuBisCo-Aktivität in den Kiemenzellen von *Calyptogena magnifica* dieselbe ist wie im Spinat (Felbeck, 1981; Cavanaugh et al., 1981; Felbeck et al., 1983; Cavanaugh, 1983).

In raster- und transmissions-elektronenmikroskopischen Aufnahmen kann man bakterielle Zellen mit ihren charakteristischen gram-negativen Zellwänden innerhalb der *Calyptogena* Kiemenzellen erkennen. Tafel VIIIa zeigt das entsprechende Bild von den Kiemen der Muschel *Solomaya redii*, deren Symbiose mit chemosynthetischen Bakterien später in flachen Küstengewässern gefunden wurde. Der Umweg über diese Entdeckung in der Tiefsee war also notwendig, um die in flachem Meerwasser und Ästuarien, wo schwefelwasserstoffhaltige Sedimente vorkommen, weit verbreitete chemosynthetische Symbiose zu finden. Adenosintriphosphat (ATP)-produzierende Enzyme sowie diejenigen des Calvin-Zyklus und die Nitratreduktase wurden nachgewiesen (Felbeck et al., 1983; Abb. 6). Diese Symbionten, die noch nicht in Kultur gebracht werden konnten, sind den freilebenden Schwefelbakterien durchaus vergleichbar. Sie scheinen die von ihnen produzierten organischen Substanzen direkt an die Wirtszelle abzugeben. In welcher Weise das geschieht, wird heute in mehreren Laboratorien studiert.

Zunächst war aber noch ein weiteres Rätsel zu lösen. Das durch die Kiemen strömende Wasser enthielt an allen Standorten von *Calyptogena* wohl Sauerstoff, aber in vielen Fällen keinen Schwefelwasserstoff, wie es Abb. 6 vereinfachend zeigt. Zog man aber mit ALVINs Arm eine dieser Muscheln aus den engen Spalten zwischen den „Pillows" der Lava (Tafel III) heraus, dann folgte ein Strom warmen, schwefelwasserstoffhaltigen Wassers. Diese Muscheln schienen also den Schwefelwasserstoff nicht mit Hilfe der Kiemen, sondern ihrer großen muskulösen Füße aufzunehmen, wobei sie zugleich die Lavaspalten mit den darunterliegenden Quellwasserkanälen verstopften (Arp et al., 1984).

Bei diesem kritischen Transport von Schwefelwasserstoff im Blut, wo er als Gift spontan mit Eisen und Sauerstoff reagieren kann, sind die besonderen Eigenschaften des Hämoglobins dieser Tiere von Bedeutung (Childress et al., 1987). Es wurde ein schwefelwasserstoff-bindendes Protein gefunden (Arp und Childress, 1983), das spontane Oxidationen verhindert. Wie diese Wirkung in Gegenwart der Symbionten wieder aufgehoben wird, ist noch nicht geklärt.

Im Gegensatz zu *Calyptogena* wachsen die Röhrenwürmer, *Riftia,* an solchen Stellen, wo Schwefelwasserstoff und Sauerstoff nebeneinander im warmen Quellstrom vorkommen. Die bis über zwei Meter langen Tiere können sogar horizontal wachsen, wenn sich die geeignetste Mischung dieser gelösten Gase dicht über dem Boden befindet. Ein zweieinhalb Meter langes Exemplar wurde in einem Artikel des National Geographic Magazine abgebildet (Ballard und Grassle, 1979). Diese Tiere ernähren sich also tatsächlich von drei Gasen: Kohlendioxid, Schwefelwasserstoff und Sauerstoff. Wie auch die freilebenden Bakterien müssen sie mit der spontanen chemischen Oxidation des Schwefelwasserstoffes konkurrieren.

Dementsprechend haben diese Tiere keinen Mund, keinen Magen oder Darm mehr, sondern nur noch ein allerdings höchst effektives Blutkreislaufsystem, das die drei Gase von den Kiemen in das Coelom der Tiere transportiert (Jones, 1981; Abb. 7). Dort befindet sich statt der Verdauungsorgane das „Trophosom", einer Bakterienkultur oder, vorsichtiger ausgedrückt, einer Kultur prokaryontischer Symbionten vergleichbar (Tafel VIII b). Ihre Reinzucht außerhalb des Wirts ist bisher ebenfalls noch nicht gelungen. Dieses Trophosom kann die Hälfte des Feuchtgewichtes eines *Riftia* Exemplares ausmachen. Die schneeweißen Röhren haben eine Wandstärke bis zu 2 mm, sind äußerst zäh und bestehen aus einem Chitin, das sich in seiner Zusammensetzung aus Proteinen und Kohlenhydraten von dem Chitin zweier anderer, sehr viel kleinerer Pogonophoren der Gattungen *Tevnia* und *Ridgeia,* unterscheidet (Gaill und Hunt, 1986; Talmont und Fournet, 1990), die ebenfalls zu den neubeschriebenen Organismen der Tiefseequellen gehören.

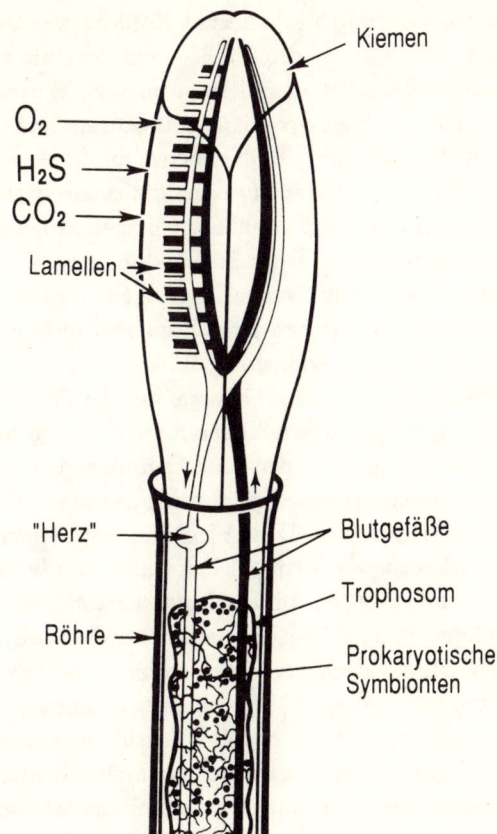

Abb. 7: Schema des Bauplans von *Riftia pachyptila*.

Die definitiven Baupläne aller Tiere, zum Beispiel im „Kleinen Kühn", dem zoologischen Kompendium, waren für lange Zeit ein fester Begriff. Niemand hat wohl vor 1977 an der Vollständigkeit solcher umfassenden Aufstellungen gezweifelt. Der Schreiber dieser Zeilen kann sich keiner Diskussion entsinnen, die sich mit Vorstellungen befaßte, daß noch vollständig neue Tiertypen und -baupläne existieren könnten – wie zum Beispiel einer, der das Leben im permanenten Dunkel der Tiefsee ermöglichen könnte. Es war wohl bekannt, das Symbiosen obligaten Charakter haben können, aber daß ein Tier zur Hälfte seines Gewichtes aus Prokaryonten bestehen könnte, die die Funktion der Ernährung mit ausschließlich anorganischen Substanzen übernehmen könnten, war kaum vorstellbar. Dazu kommt, daß diese Tiere nicht etwa winzige Ausmaße haben, sondern zu den größeren Invertebraten mit enormer Produktivität gezählt werden müssen. Wenn man den organisch gebundenen Kohlenstoff, das Gesamtprotein, oder ein anderes Maß der Biomasse pro Flächen- und Zeiteinheit für eine Population schätzt, wie sie Tafel II zeigt, dann kommt man zu Werten, die höher sind als solche von besonders reichen terrestrischen Pflanzen- und Tiergemeinschaften. Wenn man weiterhin bedenkt, daß die Energie für diese ungewöhnlich hohe Produktion der Oxidation von Schwefelwasserstoff, einem starken Giftstoff, entstammt, dann wird einem der ungewöhnliche Charakter dieser Lebewelt in der Tiefsee bewußt. Das Potential zu dieser Entwicklung besteht selbstverständlich auch außerhalb der Tiefsee, zum Beispiel in ähnlich warmen schwefelhaltigen Quellen im flachen Süß- oder Meerwasser, scheint aber in Gegenwart von Licht nicht zur Wirkung kommen zu können.

Flexibler als *Calyptogena* und *Riftia* kann die der Miesmuschel ähnliche *Bathymodiolus* (Tafel II) in Symbiose mit oder ohne chemosynthetische Bakterien vorkommen. Dort, wo genügend suspendierte Nahrungspartikel vorhanden sind, also direkt in den Bakteriensuspensionen mancher „warmer" Quellen, enthalten diese Muscheln keine Symbionten. Diese Flexibilität von *Bathymodiolus* geht so weit, daß die Muschel auch von Methan leben kann, zum Beispiel im Golf von Mexiko, wo Methan in Begleitung von Kohlenwasserstoffquellen häufig im Sediment austritt (Childress et al., 1986). Hier enthalten die Muschelkiemen Bakterien, die die typische Morphologie der methanoxidierenden Bakterien aufweisen. An Methanaustritten am Boden der Nordsee haben Schmaljohann und Flügel (1987) eine ähnliche Symbiose auch in Röhrenwürmern gefunden.

Eine weitere größere Gruppe von Invertebraten an den heißen Quellen sind Polychaeten. Die Serpuliden unter ihnen haben mit den Miesmuscheln gemeinsam, daß sie winzige Partikel von noch $1\mu m$ Größe mit Hilfe mukuöser Ausscheidungen aufzunehmen imstande sind, also von suspendierten Bakterien (Tafel VI) leben können. Diese Würmer sitzen in festen Kalkröhren zementiert an den Lavagesteinen, zusammen mit einer proportional fast gleichbleibenden „scavenger"-Population von *Galathea*-Krebsen. Ein anderer häufiger, mehrere Zentimeter langer Polychaet ist *Alvinella*, der die „smokers" in dichten Beständen besiedeln kann. Eine Übersicht über die an den Tiefseequellen beobachtete Tierwelt, die größtenteils ohne (bekannte) Symbiose sekundär von der chemosynthetisch-bakteriellen Produktion organischer Substanz abhängt, wurde von Grassle (1986) und erneut von Tunnicliffe (1991) zusammengestellt.

Es wurde oben die merkwürdige Erscheinung erwähnt, daß in Kolonien der „großen" weißen Muscheln, *Calyptogena magnifica*, an den Tiefseequellen des ostpazifischen Rückens keine Tiere gefunden werden konnten, die kürzer als 22 cm waren (Tafel III). Die größten waren etwa 28 cm lang. Da Versuche mit Druckkammern gemacht werden sollten, war das Interesse an kleinen Tieren besonders groß, und die ALVIN Piloten bemühten sich entsprechend auf jedem Tauchgang, kleine Tiere zu entdecken - ohne Erfolg. Die allgemein akzeptierte Erklärung ist die, daß von der dauernden Produktion planktischer Larven diejenigen keine Chancen haben, den lokalen Predatoren zu entgehen, die sich an Ort und Stelle festsetzen, um zu Muscheln auszuwachsen (die Aufwuchsplatten in Tafel III blieben leer). Diejenigen jedoch, die den Weg zu einer neu gebildeten Quelle finden, wo sich noch keine ausgeprägte Population von Predatoren etabliert hat, haben die Zeit, zu Stadien heranzuwachsen, denen die später ankommenden Predatoren nichts mehr anhaben können. Nachfolgende Generationen haben dann diese Chance nicht mehr. So kann es sich erklären, daß man an diesen Quellen nur eine Generation von *Calyptogena* vorfindet. Tatsächlich zeigen viele abgestorbene Quellgebiete, wo nur noch Muschelschalen übrig geblieben sind, dasselbe Bild: Der äußere Umfang der Schalen (die im Zentrum anfangen sich aufzulösen) ist bei allen Exemplaren etwa derselbe. Bei den Predatoren handelt es sich hauptsächlich um zwei Krebsarten, die Galatheide *Munidopsis subsquamosus* und die Brachyure *Cyanagraea praedator*.

Im Jahre 1985, zehn Jahre nach der FAMOUS-Expedition, wandte sich das Interesse wieder dem Atlantischen Ozean zu (Abb. 3). Sehr bald wurden heiße Quellen am mittelatlantischen Rücken mit Temperatursonden von der Oberfläche aus gefunden. Als ALVIN eingesetzt wurde, ergab sich eine neue Überraschung. Man fand keinerlei Röhrenwürmer und keine weißen oder blauen Muscheln, dagegen ungeheure Mengen eines anderen Tieres: 4 bis 6 cm lange Garnelen, die zu hunderttausenden in 3700 m Tiefe die oberen Ränder von heißen „smokern" umschwärmten (Van Dover et al., 1986). Diese Tiere sind zwar selbst dicht von Bakterienfilamenten überwachsen, aber eine eindeutige Symbiose konnte bisher nicht festgestellt werden.

Inzwischen wurde auch ein mittelatlantisches Quellgebiet gefunden („Lucky Strike", Abb. 3), das große Kolonien der blauen Muschel aufweist. Obwohl es sich hier um eine ähnliche Muschel handelt wie im Pazifischen Ozean, findet man hier keine Spur von den anderen so typischen an Tiefseequellen angepaßten Organismen, den Röhrenwürmern und den großen weißen Muscheln. Es ist durchaus möglich, daß hier eine zoogeographische Barriere existiert, die über eine unbekannte Zeitspanne hin zur Evolution zweier unabhängiger Quellpopulationen geführt hat. Garnelen werden an den ostpazifischen Quellen auch gefunden, kommen aber nur sporadisch vor und sind nicht an die besondere Nahrungsquelle der Schwefelbakterien angepaßt. Eine ähnliche zoogeographische Barriere scheint zwischen den nordpazifischen (Explorer and Juan de Fuca ridges, Abb. 3) und den zentral-ostpazifischen Quellgebieten zu existieren.

Die häufigste der mittelatlantischen Tiefseegarnelen, *Rimicaris exoculata*, hat, wie der Name sagt, keine Augen. Dafür besitzen sie auf dem Rücken ein merkwürdiges Organ, das Rhodopsin enthält, dem die Eigenschaft zugesprochen wird, langwellige Wärmestrahlung registrieren zu können (Van Dover et al., 1989). Ebenfalls scheinen diese Tiere mit ihren Antennen das Schwefelwasserstoffgefälle messen zu können. In Kombination würden diese Eigenschaften es den Garnelenschwärmen ermöglichen, sich in dem Bereich der Quellen aufzuhalten, wo Temperatur und Schwefelwasserstoffkonzentration das optimale Wachstum chemosynthetischer Bakterien hervorrufen. Technisch wäre es ohne weiteres möglich, Schwärme dieser Tiere unter dem Tiefseedruck von 300–400 atm und bei unveränderter Temperatur in Druckkammeraquarien lebend heraufzubringen und im Labor mit ihnen zu experimentieren. Eine künstliche Durchströmung mit H_2S-haltigem Seewasser könnte schon von ALVIN aus angeschlossen werden. Die Begrenzung solcher experimenteller Untersuchungen liegt nicht im technischen, sondern im finanziellen Bereich.

Es ist nicht anzunehmen, daß die Entdeckung neuer Lebensformen damit abgeschlossen ist. Der Gürtel der tektonischen Spaltungszonen um die Erde ist 50–60 000 km lang, und nur ein winziger Teil davon ist aufgesucht worden. Besonders die im Indischen Ozean zu erwartenden heißen Tiefseequellen versprechen ihrer isolierten Lage wegen neue Überraschungen. Das trifft nicht weniger auf die lange Spaltungszone zu, die sich südlich von Australien an den Osterinseln vorbei bis zur südamerikanischen Küste zieht. ALVIN wird in den kommenden Jahren die ostpazifische Spaltungszone von 9°N aus weiter nach Süden verfolgen.

Hyperthermophile Archaeen

Eine andere Gruppe von Mikroorganismen, deren Vorkommen an den heißen Tiefseequellen zu erwarten war, sind die extrem thermophilen oder hyperthermophilen Archaebakterien, die seit einem Vorschlag von Woese et al. (1990) der „Domäne" Archaea zugeordnet werden (Abb. 8). Dieses phylogenetische System der drei Domänen beruht auf konservativen Bestandteilen der DNS, hier der 16S ribosomalen RNS. Alle hyperthermophilen Organismen finden sich in diesem System an den tiefsten Abzweigungen, was dazu geführt hat, der Thermophilie im Hinblick auf die Evolution einen ursprünglichen Charakter zuzuordnen oder, in anderen Worten, sich die Entstehung des Lebens bei höheren Temperaturen vorzustellen (Holm, 1992).

Mikroorganismen, die bei Temperaturen über 80°C zu wachsen vermögen, waren zuerst von Brock (1979) beschrieben worden und später von Stetter (1990) und seiner Gruppe um viele interessante Stämme vermehrt worden. Einige von ihnen wachsen bis zu 110°C und nicht unter 80°C. Sie stammten größtenteils aus flachen marinen heißen Quellen oder von vulkanischen Sulfataren. Die erste Isolation eines Archaeums von den Tiefseequellen wurde von Jones et al. (1983)

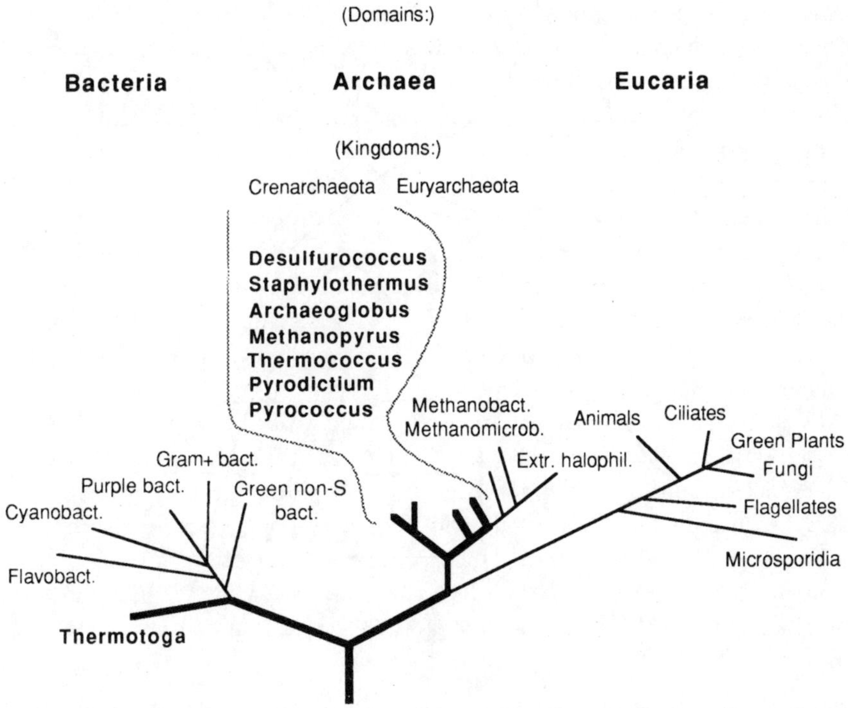

Abb. 8: Die Gattungen der aus Tiefseequellen isolierten hyperthermophilen Mikroorganismen (fettgedruckt) in Woeses auf 16S rRNS Sequenzen beruhendem phylogenetischen Stammbaum (Woese et al., 1990).

beschrieben: ein chemosynthetischer methanogener Organismus einer bekannten Gattung *(Methanococcus)*, der optimal bei 86 °C mit einer Verdoppelungszeit von 26 min wächst. Später wurde die neue Gattung *Staphylothermus*, ein heterotrophes Archaeum mit optimalem Wachtum bei 92 °C im Labor von K. O. Stetter gefunden (Fiala et al., 1988). Das von ALVIN gesammelte Probenmaterial für diese Isolierungen waren Bruchstücke von „smoker"-Schornsteinen, in denen, wie in Abb. 9 dargestellt, Temperatur- und Substratgradienten zu erwarten sind, die den Organismen geeignete Wachstumsbedingungen bieten. Da die Organismen bei Hitze sauerstoffempfindlich sind, wird das Sammelgefäß mit Bruchstücken der „smoker"-Wände sofort mit einem Deckel verschlossen, der im Inneren ein Reduktionsmittel freisetzt.

Diese Methode führte auch zu der Isolierung der neuen Gattung *Methanopyrus*, eines methanogenen Archaeums, das maximal bis 110 °C wächst (Kurr et al., 1991). Eine besondere und ökologisch wichtige Eigenschaft dieser strikt anaeroben Tiefseeisolate ist, daß sie unterhalb des Temperaturbereiches ihres Wachtums, etwa

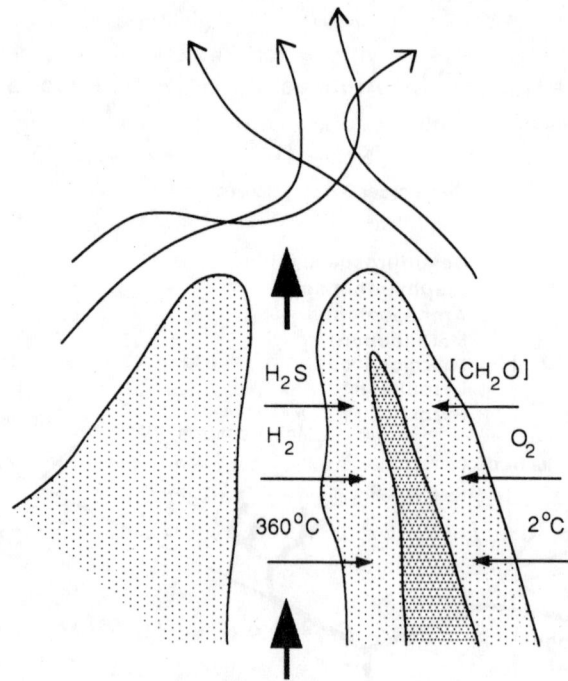

Abb. 9: Temperatur und Substratgradienten innerhalb der oberen „smoker"-Wand, von der die meisten hyperthermophilen Archaeen isoliert wurden; die Vermischung von sterilem, heißen Wasser mit dem bakterienreichen umgebenden Seewasser findet unmittelbar an der „smoker"-Öffnung statt (aus Jannasch, 1994).

70–110 °C, den Sauerstoff ungefährdet vertragen können (Jannasch et al., 1992). Das ist für ihre Verbreitung in der sauerstoffreichen Tiefsee von Bedeutung.

Die Mehrzahl der von heißen Tiefseequellen isolierten hyperthermophilen Archaeen war heterotroph, was bei den hohen Gehalten an organischem Material an diesen Oasen zu erwarten ist. Sie gehören zu den Gattungen *Pyrodictium* (Prey et al., 1991), *Pyrococcus, Thermococcus* und *Desulfurococcus* (Jannasch et al., 1988, 1992). Sie haben als fermentative hyperthermophile Organismen die Möglichkeit, den bei der Fermentation gebildeten und bei höheren Konzentration hemmenden Wasserstoff durch die Reduktion elementaren Schwefels zu Schwefelwasserstoff auszuschalten. Diese Schwefelreduktion wird energetisch erst bei Temperaturen über 80 °C möglich (Belkin et al., 1985; Stetter und Gaag, 1983).

In den Sedimenten des Guaymas-Beckens maßen Jørgensen et al. (1989) den Prozeß der bakteriellen Sulfatreduktion und fanden ein Optimum bei 90 °C. Aus Proben, die während derselben Forschungreise genommen worden waren, isolierten Stetters Mitarbeiter ein neues marines Archaeum der Gattung *Archaeoglobus* mit einer optimalen Wachstumsrate bei ebenfalls 90 °C (Burggraf et al., 1990). Es ist selten, daß die Entdeckung eines neuen Prozesses so umgehend durch der Isolierung des entsprechenden Organismus bestätigt wird. Das war dann auch prompt nicht mehr der Fall, als Jørgensen et al. (1992) auf einer späteren Forschungsreise eine optimale Sulfatreduktionsrate bei 103–106 °C feststellten und bisher alle Versuche zur Isolierung des verantwortlichen Mikroorganismus vergeblich waren.

Ein hyperthermophiler Mikroorganismus, der fast gleichzeitig und unabhängig von Huber et al. (1986) und Belkin et al. (1986) zunächst aus flachen marinen Schwefelquellen isoliert wurde, zeigte eine merkwürdige Zellmorphologie. Ein räumlicher Abstand zwischen Zellwand und Plasma ergab ein Bild, das einer Art losem Mantel vergleichbar war. Die deshalb *Thermotoga* genannte Gattung hat weiterhin die Besonderheit, phylogenetisch kein Archaeum, sondern ein Bakterium zu sein. Daß die Position dieser Gattung in Woeses Stammbaum (Abb. 8) bei der frühesten Abzweigung innerhalb der Domäne der Bakterien liegt, ist ein weiterer Grund, die hyperthermophilen Organismen als früheste Produkte der Evolution anzusehen. Vom ökologischen Standpunkt ist zu erwarten, daß die meisten, wenn nicht alle, marinen hyperthermophilen Archaea in tiefen und flachen Heißwasserquellen gleichermaßen angetroffen werden.

Am bekanntesten sind die hyperthermophilen Mikroorganismen heute wegen ihrer biotechnologischen Bedeutung. Thermostabile DNS-Polymerasen sind wichtig in der präparativen molekularen Biologie. Ein Beispiel ist die Herstellung von DNS-Teilstücken für die Polymerase Kettenreaktion (PKR). Von vielen Firmen werden die thermostabilen Enzyme aus Kulturen von Tiefsee-Archaeen gewonnen und kommerziell vertrieben.

Quantitative Schätzungen

Mit Spekulationen über die ungewöhnliche Ionenzusammensetzung des Meerwassers, die den Verwitterungsprodukten nicht entspricht, haben marine Chemiker eine semiquantitative Analyse der Chemosynthese von organischem Kohlenstoff in der Tiefsee möglich gemacht. Sie haben berechnet, daß die bekannte Anomalie des zu hohen Mangan- und zu geringen Magnesiumgehaltes des Meerwassers durch die Annahme erklärt werden könnte, daß die gesamte globale Menge alle acht Millionen Jahre in der in Abb. 2 angegebenen Weise einmal durch die Erdkruste zirkuliert (Edmond et al. 1982, Edmond und Von Damm, 1983). Unter dieser Voraussetzung würden 12×10^7 Tonnen von Sulfat-Schwefel jährlich in die Kruste eindringen, wovon dreiviertel als Polymetallsulfide abgelagert und etwa

3×10^7 Tonnen als Sulfid-Schwefel in warmen oder heißen Quellen wieder in das Meerwasser gelangen würde.

Nimmt man weiterhin an, daß etwa die Hälfte dieses Sulfid Schwefels durch Tiefseemikroben, freilebend oder symbiotsch, zur Chemosynthese verwendet wird (das stöchiometrische Verhältnis von S:C ist 1:1 und das des Atomgewichtes etwa 3:1), dann werden jährlich etwa 5×10^6 Tonnen organischen Kohlenstoffes in der Tiefsee gebildet. Der Schätzung von rund 15×10^9 Tonnen photosynthetisch durch Phytoplankton im Meer gebildeten organischen Kohlenstoffes (Woodwell et al., 1978) entspricht die Tiefseechemosynthese mit 0,03%. Dieser gering erscheinende Wert erhöht sich jedoch erheblich, wenn man bedenkt (siehe Einleitung), daß nur etwa 1% der photosynthetisch an der Meeresoberfläche gebildeten Biomasse die Tiefsee durch Sedimentation erreicht. Danach würde der in der gesamten Tiefsee (nicht nur im Bereich der Quellen) gefundene organische Kohlenstoff zu etwa 3% der mikrobiellen Chemosynthese an den Thermalquellen entstammen.

Wichtiger als die quantitative Bedeutung dieser Lebensinseln in der Tiefsee ist jedoch ihre qualitative. Das wird durch das folgende Szenario einer kosmischen Katastrophe und der Unabhängikeit der Quellpopulationen von solarer Energie verdeutlicht. Eine Kollision der Erde mit einem größeren Asteroiden könnte höhere Lebensformen auf den Kontinenten vernichten. Dicke Staubschichten in der Atmosphäre würden die Erdoberfläche auf lange Zeit hinaus verdunkeln und ungeheurer Kälte aussetzen. Ohne Licht würden photosynthetische und damit heterotrophe höhere Organismen aussterben. Die besten Chancen zu überleben hätten die Populationen der Thermalquellen der Tiefsee. Der Sauerstoffvorrat im Ozean ist gewaltig im Verhältmis zu den an wenigen Stellen konzentrierten sauerstoffveratmenden Bakterien und Tierpopulationen. Es ist anzunehmen, daß die tektonische Plattenverschiebung und damit die H_2S-haltigen Thermalquellen ebenfalls überdauern und damit das Fortleben der hochentwickelten Invertebraten der Tiefsee garantieren würden. Ob ein Neubeginn der Evolution höherer Lebewesen danach an diesen Tiefseeoasen ihren Ausgang nehmen würde, sei dahingestellt.

Schlußbemerkungen

Diesem Aufsatz ist ein Motto vorangestellt, das seinem Charakter und seiner Formulierung nach als bloße Randbemerkung gewertet werden könnte, handelte es sich nicht um die einzige Literaturstelle, die sich mit diesem fundamentalen Punkt befaßt. Sie zeigt in E. G. Hutchinson einen Generalisten, der mehr als eine Dekade vor der Entdeckung der Tiefseeoasen die Vorstellung wagte, daß ein bis-

Solar energy

$CO_2 + H_2O \rightarrow [CH_2O] + O_2$ Photosynthesis

Chemosynthesis:

$CO_2 + H_2O + \boxed{H_2S} + O_2 \rightarrow [CH_2O] + H_2SO_4$ aerobic

$2CO_2 + \boxed{6H_2} \rightarrow [CH_2O] + CH_4 + 3H_2O$ anaerobic

Terrestrial Energy

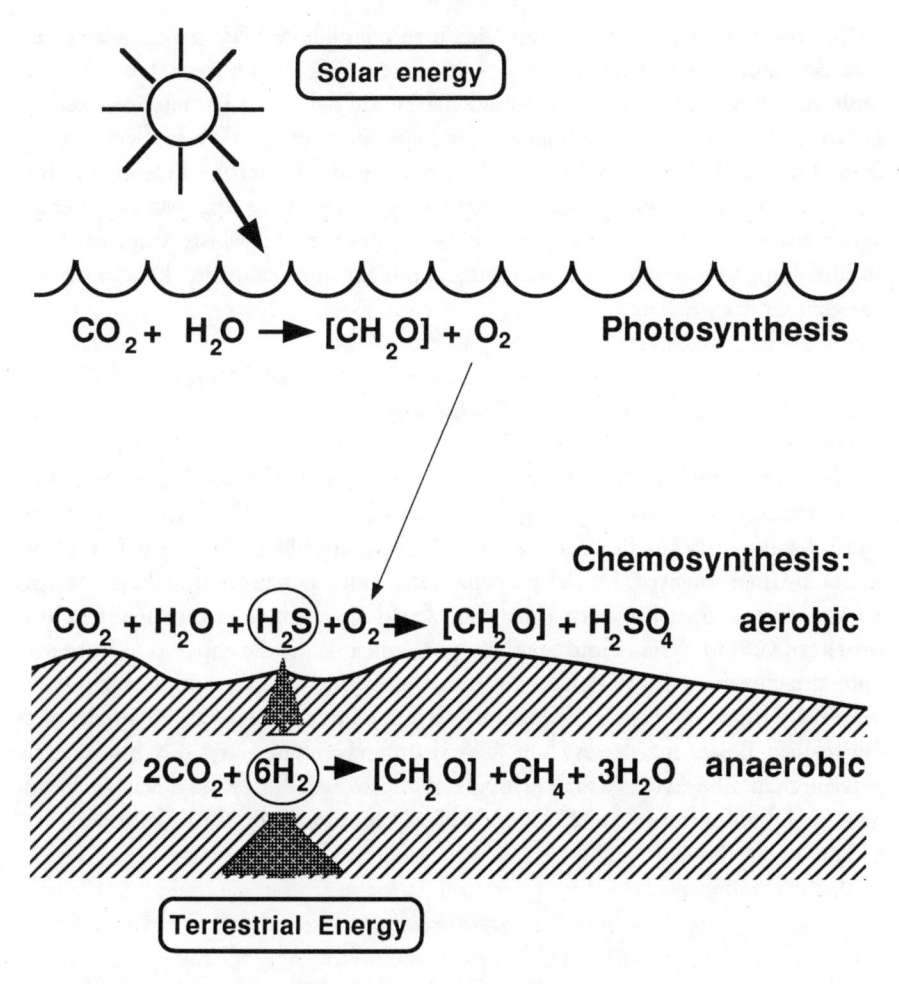

Abb. 10: Schema der solaren Photosynthese an der Meeresoberfläche und der terrestrischen Chemosynthese an den Tiefseethermalquellen und die Rolle des Sauerstoffs in der Definition primärer und sekundärer Produktion organischer Substanz.

her unbekanntes System von Organismen es durchaus möglich machen könnte, terrestrische Energie als Alternative zur Sonnenstrahlung biologisch zu nutzen. In diesem Sinne zeigt das Schema der Abb. 10 noch einmal das Prinzip der mikrobiellen Fähigkeit, die Funktion der Pflanzen in der Ernährung der Tiere im Dunkeln zu vollziehen. Die Rolle des Sauerstoffs bei der aeroben Chemosynthese macht deutlich, daß es sich hierbei jedoch nicht um eine, im strikten Sinne des Wortes, primäre Produktion organischer Substanz handelt, da der Sauerstoff der Photosynthese entstammt. Die anaerobe Chemosynthese dagegen erfüllt die

Bedingung der Primärpruduktion: Beide reagierende Substrate, CO_2 und H_2, sind Bestandteile des Thermalwassers. In diesem Sinne kann man sich Leben in tiefliegenden Erdschichten, Höhlen oder sogar auf lichtlosen Planeten vorstellen. Für den Reichtum und die Vielfalt der Lebensformen an den Tiefseeoasen ist jedoch die Gegenwart von Sauerstoff entscheidend. Die aerobe mikrobielle Bildung organischen Materials ist der Grundstock ihrer Existenz, und die chemosynthetische, prokaryotisch-eukaryotische Symbiose ist ein Meisterstück der Evolution, den gegebenen Tiefseebedingungen mit für uns neuartigen Lebensformen optimal zu entsprechen.

Danksagung

Der Autor konnte den größten Teil dieses Aufsatzes während einer neuen Tauchexpedition zu der ostpazifischen Spaltungszone bei 9°52'N, 104°39'W an Bord der ATLANTIS II, 10. bis 27. April 1994, schreiben. Dafür gilt sein Dank dem Co-Chief Scientist, Daniel J. Fornari, der ihm einen großen Teil der Navigationsvorbereitungen für jeden Tauchgang abgenommen hat, weiterhin seinen Mitarbeitern Carl O. Wirsen und Stephen J. Molyneaux, die die apparative Vorbereitung der einzelnen Tauchgänge größtenteils für ihn erledigt haben, weiterhin der ALVIN-Gruppe mit ihrem Chief Pilot, Patrick J. Hickey, und schließlich der stets hilfreichen Besatzung der ATLANTIS II unter Kapitän Gary B. Chiljean. Die wissenschaftliche Arbeit wurde ermöglicht durch die U.S. National Science Foundation (Contibution Nr. 8720, Woods Hole Oceanographic Institution).

Zusammenfassung

Die allgemeine Annahme, daß die Erhaltung des Lebens auf unserem Planeten allein auf die Photosynthese angewiesen ist, hat seit der Entdeckung der heißen Tiefseequellen eine Korrektur erfahren müssen. In Tiefen von über 2000 m vermag die Zufuhr photosynthetisch produzierter organischer Nahrungsstoffe durch Sedimentation von der Meeresoberfläche nur sehr begrenzte Tierpopulationen aufrecht zu erhalten. In dieser Wüstenlandschaft der Tiefsee wurden 1977 während der Suche nach vulkanischer Aktivität an tektonischen Spaltungszonen warme (3–50°C) und später heiße (350–360°C) Quellen auf dem Meeresboden entdeckt, die von ungewöhnlich dichten Beständen neuartiger benthischer Invertebraten umgeben sind. Diese Lebensgemeinschaften werden durch eine Nahrungskette erhalten, an deren Beginn, anstelle der pflanzlichen Photosynthese, eine mikrobielle Chemosynthese (Chemolithoautotrophie) steht. Sie beruht auf der Oxidation bestimmter reduzierter anorganischer Verbindungen, hauptsächlich H_2S, H_2 und CH_4, die in dem durch hohe Temperaturen veränderten Meerwasser, der Hydrothermalflüssigkeit, enthalten sind. Die freiwerdende Energie wird, in Analogie zum Licht bei den grünen Pflanzen, zur Reduktion von Kohlendioxid zu organischem Kohlenstoff benutzt (Litho- statt Photoautotrophie oder Chemo- statt Photosynthese). An diesem Vorgang sind eine Vielzahl aerober, aber auch anaerober Mikroorganismen beteiligt. Von letzteren sind einige fähig, bei Temperaturen von über 100 °C zu wachsen. Hitzestabile Polymerasen dieser Archaebakterien, unter denen auch viele heterotrophe Stoffwechseltypen gefunden wurden, sind von großem biotechnologischen Interesse. Ihre Stellung an den untersten Ästen des phylogenetischen Stammbaums weist auf eine Entstehung des Lebens bei höheren Temperaturen hin. Die stärkste Produktion organischen Materials an den Tiefseequellen, die (auf Oberflächeneinheiten bezogen) sogar alle Pflanzen/Tiergemeinschaften in tropischen Zonen zu übertreffen scheint, findet in symbiontischen Assoziationen zwischen chemosynthetischen Bakterien und neuartigen marinen Invertebraten statt. Bei der Evolution einiger dieser Tiere wurde schließlich auf den gesamten Nahrungsaufnahme- und Verdauungsapparat verzichtet. Mit Hilfe eines effektiven Blutkreislaufes und der bakteriellen Symbiose ernähren sich diese bis zu 2 m langen und 5 cm dicken Röhrenwürmer von drei im Tiefseewassser gelösten Gasen: CO_2, H_2S und O_2. Diese erstmalig in der Tiefsee entdeckte chemosynthetische Symbiose ist inzwischen auch in flachen marinen Standorten gefunden worden, wo die notwendigen reduzierten anorganischen Verbindungen durch anaerobe Abbauprozesse entstehen. Neben Schwefelwasserstoff wird zum Beispiel auch fermentativ gebildetes Methan durch bakterielle Symbiose zur einzigen Nahrungsquelle für gewisse Muscheln. Im Vergleich mit der gesamten ozeanischen photosynthetischen Produktion ist die chemosynthetische allerdings äußerst gering (etwa 0,03%). Wird dieser Betrag jedoch ausschließlich auf die Tiefsee bezogen, dann erhöht sich dieser Wert auf 3%. Diese Endeckung der chemosynthetisch aufrechterhaltenen Nahrungskette in der Tiefsee enthält eine große Zahl überraschender Einzelheiten, die bereits in vielen biologischen Disziplinen zu neuen Arbeitsrichtungen geführt haben.

Literatur

Arp A. J., J. J. Childress: Sulfide binding by the blood of the hydrothermal vent tube worm *Riftia pachyptila*. Science 219, 295-297 (1983).
Arp A. J., J. J. Childress, C. R. Fisher: Metabolic and blood gas transport characteristics of the hydrothermal vent bivalve *Calyptogena magnifica*. Physiol. Zool. 57, 648-662 (1984).
Ballard R. D., J. F. Grassle: Return to oases of the deep. Nat. Geograph. 156, 689-703 (1979).
Ballard R. D., T. van Andel: Project FAMOUS: Morphology and tectonics of the inner rift valley at 36°50'N on the Mid-Atlantic Ridge. Geol. Soc. Amer. Bull. 88, 507-530 (1977).
Belkin S., C. O. Wirsen, H. W. Jannasch: A new sulfur-reducing, extremely thermophilic eubacterium from a submarine thermal vent. Appl. Environ. Microbiol. 51, 1180-1185 (1986).
Belkin S., C. O. Wirsen, H. W. Jannasch: Biological and abiological sulfur reduction at high temperatures. Appl. Environ. Microbiol 49, 1057-1061 (1985).
Boss K. J., R. D. Turner: The giant white clam from the Galapagos Rift, *Calyptogena magnifica*, species novum. Malacologia 20: 161-194 (1980).
Brock T. D., ed.: Thermophilic microorganisms and life at high temperatures. Springer-Verlag, New York 1978.
Burggraf S., H. W. Jannasch, B. Nicolaus, K. O. Stetter: *Archaeoglobus profundus* sp. nov., represents a new species within the sulfate-reducing archaebacteria. System. Appl. Microbiol. 13, 24-28 (1990).
Cavanaugh, C. M.: Symbiotic chemotrophic bacteria in marine invertebrates from sulfide-rich habitats. Nature 302, 58-61 (1983).
Cavanaugh C. M., S. L. Gardiner, M. L. Jones, H. W. Jannasch, J. B. Waterbury: Prokaryotic cells in the hydrothermal vent tube worm *Riftia pachyptila* Jones: possible chemoautotrophic symbionts. Science 213, 340-342 (1981).
Childress J. J., H. Felbeck, G. N. Somero: Symbiosis in the deep sea. Sci. Amer. 256, 115-120 (1987).
Childress J. J., C. R. Fisher, J. M. Brooks, M. C. Kennicut, R. Bridigare, A. E. Anderson: A methanotrophic marine molluscan (Bivalvia, Mytilidae) symbiosis: mussels fueled by gas. Science 233, 1306-1308 (1986).
Corliss J. B., J. Dymond, L. I. Gordon, J. M. Edmond, R. P. von Herzen, R. D. Ballard, K. Green, D. Williams, A. Bainbridge, K. Crane, T. H. van Andel: Submarine thermal springs on the Galapagos Rift. Science 203, 1073-1083 (1979).
Edmond J. M., K. L. Von Damm: Hot springs on the ocean floor. Scientific American 248, 78-93 (1983).
Edmond J. M., K. L. Von Damm: Chemistry of ridge crest hot springs. Proc. Biol. Soc., Washington 6, 43-47 (1985).
Edmond J. M., K. L. Von Damm, R. E. McDuff, C. I. Measures: Chemistry of hot springs on the East Pacific Rise and their effluent dispersal. Nature 297, 187-191 (1982).
Enright J. T., W. A. Newman, R. R. Hessler, J. A. McGowan: Deep-ocean hydrothermal vent communities. Nature 289, 219-221 (1981).
Felbeck H.: Chemoautotrophic potential of the hydrothermal vent tube worm, *Riftia pachyptila* Jones (Vestimentifera). Science 213, 336-338 (1981).
Felbeck H., G. N. Somero, J. J. Childress: Biochemical interactions between molluscs and their algal and bacterial symbionts. In: The mollusca, vol. 2. (Hochacka P. W., ed) pp. 331-358, Academic Press, New York 1983.

Fiala G., K. O. Stetter, H. W. Jannasch, T. A. Langworthy, J. Madon: *Staphylothermus marinus* sp nov. represents a novel genus of extremely thermophilic submarine heterotrophic archaebacteria. System. Appl. Microbiol. 8, 106–113 (1986).

Gaill F., S. Hunt: Tubes of deep sea hydrothermal vent worms *Riftia pachyptila* (Vestimentifera) and Alvinella popejana (Annelida). Mar. Ecol. Progr. Ser. 34, 267–274 (1986).

Grassle J. F.: The ecology of deep sea hydrothermal vent communities. Adv. Mar. Ecol. 23, 301–362 (1986).

Gunderson J., B. B. Jørgensen, E. Larsen, H. W. Jannasch: Mats of giant sulfur bacteria in deep-sea sediments due to fluctuating hydrothermal flow. Nature 360, 454–456 (1992).

Holm N. G., ed.: Marine hydrothermal systems and the origin of life. In: Origins of life and evolution of the biosphere, Vol. 22. Kluwer Acad. Publ., Dordrecht 1992.

Honjo S., S. J. Manganini: Annual biogenic particle fluxes to the interior of the North Atlantic Ocean; studied at 34 °N 21 °W and 48 °N 21 °W. Deep-Sea Res. 40, 587–607 (1993).

Huber R, T. A. Langworthy, H. König, M. Thomm, C. R. Woese, U. B. Slytr, K. O. Stetter: *Thermotoga maritima*, sp. nov., represents a new genus of extremely thermophilic eubacteria growing up to 90 °C. Arch. Microbiol. 144, 324–333 (1986).

Hutchinson G.E.: The Ecological Theater and the Evolutionary Play. Yale University Press, New Haven 1965.

Jannasch H. W.: Litho-autotrophically sustained ecosystems in the deep sea. In: Biology of autotrophic bacteria. (Schlegel H. G., B. Bowien, eds.) pp. 147–166, Sci. Tech. Publ., Madison, WI. 1989.

Jannasch H.W.: Microbial interactions with hydrothermal fluids. Geophys. Monogr. Ser., Amer. Geophys. Union Publ., Washington 1994 (im Druck).

Jannasch H. W., C. O. Wirsen: Chemosynthetic primary production at East Pacific sea floor spreading centers. Bioscience 29, 592–598 (1979).

Jannasch H. W., C. O. Wirsen: Morphological survey of microbial mats near deep-sea thermal vents. Appl. Environ. Microbiol. 41, 528–538 (1981).

Jannasch H. W., M. J. Mottl: Geomicrobiology of deep-sea hydrothermal vents. Science 229, 717–725 (1985).

Jannasch H. W., C. O. Wirsen, S. J. Molyneaux, T. A. Langworthy: Extremely thermophilic fermentative archaebacteria of the genus *Desulfurococcus* from deep-sea hydrothermal vents. Appl. Environ. Microbiol. 54, 1203–1209 (1988).

Jannasch H. W., C. O. Wirsen, S. J. Molyneaux, T. A. Langworthy: Comparative physiological studies on hyperthermophilic archaea isolated from deep sea hydrothermal vents with emphasis on *Pyrococcus* Strain GB-D. Appl. Environ. Microbiol. 58, 3472–3481 (1992).

Jones M. L., ed.: Hydrothermal vents of the Eastern Pacific: an overview. Bull. Biol. Soc. Wash. 6. Infax Corp, Vienna, VA. 1985.

Jones M. L.: *Riftia pachyptila*, nov. gen., nov. sp., the vestimentiferan worm from the Galapagos Rift geothermal vents (Pogonophora). Proc. Biol. Soc. Wash. 93, 1295–1313 (1980).

Jones M. L.: Observations on the vestimentiferan worm from the Galapagos Rift. Science 213, 333–336 (1981).

Jones W. J., J. A. Leigh, F. Meyer, C. R. Woese, R. S. Wolfe: *Methanococcus jannaschii* sp. nov., an extremely thermophilic methanogen from a submarine hydrothermal vent. Arch. Microbiol. 136, 254–261 (1983).

Jørgensen B. B., L. X. Zawacki, H. W. Jannasch: Thermophilic bacterial sulfate reduction in deep-sea sediments at the Guaymas Basin hydrothermal vent site. Deep-Sea Res. 37, 695–710 (1990).

Jørgensen B. B., M. F. Isaksen, H. W. Jannasch: Bacterial sulfate reduction above 100 °C in deep-sea hydrothermal vent sediments. Science 258, 1756–1757 (1992).

Karl D. M., C. O. Wirsen, H. W. Jannasch: Deep-sea primary production at the Galapagos hydrothermal vents. Science 207, 1345–1347 (1980).

Kenk V. C., B. R. Wilson: A new mussel (Bivalvia, Mytilidae) from hydrothermal vents in the Galapagos Rift zone. Malacologia 26, 253–271 (1985).

Kurr M., R. Huber, H. König, H. W. Jannasch, H. Fricke, A. Trincone, J. K. Kristiansson, K. O. Stetter: *Methanopyrus kandleri*, gen. and sp. nov. represents a novel group of hyperthermophilic methanogens growing at 110 °C. Arch. Microbiol. 156, 239–247 (1991).

Nelson D. C., C. O. Wirsen, H. W. Jannasch: Characterization of large autotrophic *Beggiatoa* abundant at hydrothermal vents of the Guaymas Basin. Appl. Environ. Microbiol. 55, 2909–2917 (1989).

Pfeffer W.: Pflanzenphysiologie, 2nd ed. W. Engelmann Verlag, Leipzig 1897.

Pley Y., J. Schipka, A. Gambacorta, H. W. Jannasch, H. Fricke, R. Rachel, K. O. Stetter: *Pyrodictium abyssi* sp. nov. represents a novel heterotrophic marine archaeal hyperthermophile growing at 110 °C. Syst. Appl. Microbiol. 14, 255–263 (1991).

Rona P. A., K. Boström, L. Laubier, K. L. Smith: Hydrothermal processes at seafloor spreading centers. Plenum Press, New York 1983.

Ruby E. G., C. O. Wirsen, H. W. Jannasch: Chemolithotrophic sulfur-oxidizing bacteria from the Galapagos Rift hydrothermal vents. Appl. Environ. Microbiol. 42, 317–342 (1981).

Sanders H. L., R. R. Hessler, G. R. Hampson: An introduction to the study of deep-sea benthic faunal assemblages along the Gay Head-Bermuda transect. Deep-Sea Res. 12, 845–867 (1972).

Schmaljohann, R., H. J. Flügel: Methane-oxidizing bacteria in Pogonophora. Sarsia 72, 91–98 (1987).

Stetter K. O., G. Gaag: Reduction of molecular sulphur by methanogenic bacteria. Nature 305, 309–311 (1983).

Talmont F., B. Fournet: Chemical composition of mucins from deep sea hydrothermal vent tubiculous annelid worms. Comp. Biochem. Physiol. 96B, 753–759 (1990).

Tunnicliffe, V.: The biology of hydrothermal vents: ecology and evolution. Oceanogr. Mar. Biol. Annu. Rev. 29, 319–407 (1991).

Van Dover C. L., B. Fry, J. F. Grassle, S. Humphris, P. A. Rona: Feeding biology of the shrimp *Rimicaris exoculata* at hydrothermal vents on the Mid-Atlantic Ridge. Mar. Biol. 98, 209–216 (1988).

Van Dover, C. L., E. Z. Szuts, S. C. Chamberlain, J. R. Cann: A novel eye in 'eyeless' shrimp from hydrothermal vents of the Mid-Atlantic Ridge. Nature 337, 458–460 (1989).

Welhan J. A., H. Craig: Methane, hydrogen, and helium in hydrothermal fluids on the East Pacific Rise. In: Hydrothermal processes at sea floor spreading centers. (Rona P. A., K. Boström, L. Laubier, K. L. Smith, eds.) pp. 391–409, Plenum Press, New York, 1983.

Winogradsky S.: Über Schwefelbakterien. Botan. Zeitg. 45, 489–507, 513–523, 529–539, 545–559, 569–576, 585–594, 606–610 (1887).

Woese C. R., O. Kandler, M. L. Wheelis: Toward a natural system of organisms: proposal for the domains Archaea, Bacteria, and Eucarya. Proc. Natl. Acad. Sci. USA 87, 4576–4579 (1990).

Woodwell, G. M., R. H. Whittaker, W. A. Reiners, G. E. Likens, C. C. Delwiche, D. B. Botkin: The biota and the world carbon budget. Science 119, 141–146 (1978).

Diskussion

Herr Führ: Sie haben uns wirklich in eine neue Welt geführt, und wenn ich es richtig verstanden habe, dann haben Sie in der Zusammenfassung gesagt: Die Welt wird sozusagen im Inneren durch Hitze produziert, und wir sind jetzt nahe daran aufzuklären, wie die Lebewesen dort leben können. Ist es nicht eine Reaktion der Adaption an die Situation, daß die Organismen so smart und clever sind, sich diese Situation auszusuchen, wo sie noch eine Lebensmöglichkeit finden?

Herr Jannasch: Das ist richtig. Man muß aber das Neue an diesen Adaptionen auf die höheren Organismen beschränken; denn die Bakterien, die wir dort isoliert haben, kommen auch sonst an anderen Orten der Erdoberfläche vor, zum Beispiel in heißen Quellen der Uferzone oder auch im Süßwasser. Besonders ist es die Symbiose der Tiefseeinvertebraten mit chemosynthetischen Bakterien, die uns neu ist und die das Prinzip zu verfolgen scheint, unter den Tiefseebedingungen eine größtmöglichste Produktion von Biomasse zu erzeugen. Unter den „filter feedern" scheinen die Amphipoden an erster Stelle zu stehen, die in dichten Wolken über den „warmen" Quellen zu beobachten sind. Aber natürlich verdünnen sich die Bakteriensuspensionen schnell, und ihr Wachstum außerhalb der warmen Quellen im 2° bis 3° kalten Tiefseewasser ist minimal. Es ist daher sehr viel effizienter, das Bakterienwachstum in den Kiemenzellen zu fördern und die Produkte direkt in den Blutstrom aufzunehmen. Die Tiere sind immer dort zu finden, wo Schwefelwasserstoff und Sauerstoff zugleich erreichbar sind. Bei den Pogonophoren kann man auch beobachten, daß sie meist an Stellen warmer Emissionen vorkommen. Selbstverständlich kann keine Adaption den Bakterien ermöglichen, bei 3° ebenso schnell zu wachsen wie bei 23°. Die Möglichkeiten der Adaptation in der höheren Tierwelt scheinen es dann darauf abgezielt zu haben, den Bakterien die besten Wachstumsbedingungen zu bieten. Die Garnelen an den heißen Tiefseequellen des mittelatlantischen Rückens scheinen die Fähigkeit zu haben, die für das Bakterienwachstum günstigsten Temperaturbereiche und H_2S-Konzentrationen aufzusuchen.

Herr Pühler: Ich möchte auch auf diese Symbiose eingehen und zunächst die Frage stellen: Handelt es sich um eine inter- oder eine intrazelluläre Symbiose?

Zusätzlich möchte ich gerne wissen, ob es in der Tiefsee reduzierten Stickstoff gibt. Woher kommen die Stickstoffverbindungen?

Herr Jannasch: Die Symbiose in den großen weißen und blauen Muscheln *(Calyptopgena* und *Bathymodiolus)* ist intrazellulär. Wir haben bisher noch keinen Fall einer eindeutig interzellulären Symbiose gefunden, obwohl man das Trophosom der Pogonophoren eventuell als ein solches System bezeichnen könnte. Ohne den Symbionten näher zu kennen, ist das schwer zu entscheiden.

Zum Stickstoff: Das heiße Quellwasser enthält im Allgemeinen keinen gebundenen Stickstoff (die Ausnahme sind die Quellen am sedimentüberschichteten Guaymas-Becken), sondern aller Stickstoff wird bei den hohen Temperaturen und Drucken zu N_2 reduziert. Das Tiefseewasser selbst enthält aber etwa 40–60 μmol Nitrat. Es entsteht durch Nitrifikation des Ammoniaks, der durch Mineralisation organischen Materials gebildet wird. Ähnlich wie bei dem Vorkommen von Sauerstoff ist es dort die fehlende Nitrataufnahme, die das Nitrat präserviert. Erst in den bekannten „upwellings" gelangt es wieder an die Meeresoberfläche zurück, wo es durch starke Algenproduktion im Licht wieder dem natürlichen Stoffkreislauf zugeführt wird. Zusätzlich sind Anzeichen zum Vorkommen von Stickstoffbindung in einigen Bakterienisolaten von den Tiefseequellen gefunden worden.

Herr Schreyer: Sie haben die Gehalte an Schwermetallen gezeigt. Ich nehme an, die stammen aus den *black smokers*. Da habe ich das Cadmium vermißt. Bei den fossilen Lagerstätten ist dieses Element immer deutlich vorhanden.

Herr Jannasch: Cadmium ist gefunden worden, die Gehalte sind aber gering. Die anorganischen Chemiker haben es angesichts der sehr viel größeren Konzentrationen der anderen Schwermetalle bisher kaum berücksichtigt. Es handelt sich hier natürlich auch nicht um eine Auslaugung fossiler Lagerstätten, sondern tiefliegender Basalte.

Herr Schreyer: Ist das für Tiere nicht toxisch?

Herr Jannasch: Über die Toxizität der besonderen Cadmiumkonzentrationen an den Tiefseequellen liegen noch keine Angaben vor. Das trifft verständlicherweise noch auf viele andere interessante Probleme an diesen schwer zugänglichen Standorten zu. Wolfram ist zum Beispiel ein Quellwasserbestandteil, der von großer Bedeutung für einige Enzyme der Archaeen sein könnte. Ihr Wolframgehalt, später durch Molybdän ersetzt, wird als Merkmal ihrer Ursprünglichkeit angesehen.

Herr Wilke: Woher stammt das Methan? Kommt das von Mikroorganismen, oder gibt es Hinweise darauf, daß möglicherweise Karbide hydrolisiert werden?

Herr Jannasch: Das Methan im Thermalwasser der Tiefseequellen ist zum größten Teil, geschätzt auf etwa 90%, geothermischen Ursprungs. Diese Daten gehen auf Messungen der Isotopenverteilung zurück. Über den eigentlichen Vorgang der geothermischen Methanbildung bin ich nicht informiert. Obwohl die Zusammenarbeit zwischen Biologen und Geochemikern in dieser sehr interdisziplinären Forschung durch die gemeinsamen Schiffs- und Tauchexpeditionen eng ist, wird man doch nie zum Fachmann. Der Rest des Methans wird durch die anaerobe Chemosynthese gebildet.

Herr Jaenicke: Hat die Biochemiker nicht das Hämoglobin in den Muscheln interessiert?

Herr Jannasch: Selbstverständlich. Es existieren eine Reihe von Untersuchungen über die spezielle Charakterisierung der Hämoglobine der Würmer (Pogonophoren und Polychaeten) und der Molusken von Quentin Gibson (Dept. of Biochemistry, Cornell University, Ithaka, NY), Jonathan Wittenberg (Dept. of Physiology and Biophysics, Albert Einstein Institute, Bronx, NY) und Robert Terwilliger (Dept. of Biology, Univ. of Oregan, Eugene, OR). Dabei handelt es sich um die Bestimmung der Proteineinheiten, der Aminosäuren, der Sauerstoffaffinitäten, Vergleiche mit anderen Hämoglobinen, etc.

Herr Jaenicke: Sie müssen ja ganz interessante Sauerstoff-Charakteristika haben.

Herr Jannasch: Ja. Die Sauerstoffaffinitäten sind erstaunlich, wahrscheinlich notwendig. Eine Besonderheit ist auch das erwähnte H_2S-bindende Protein.

Herr Jaenicke: Sind die ganzen thermodynamischen Berechnungen, die Sie über Energieausbeuten gemacht haben, unter der Berücksichtigung der örtlichen Verhältnisse gemacht worden?

Herr Jannasch: Die thermodynamischen Berechnungen sind für Normalbedingungen gemacht worden. Wir kennen ja die eigentlichen Bedingungen nicht, die an den Mikrostandorten der Bakterien herrschen und außerdem wahrscheinlich oft wechseln. Das gilt besonders für die Temperatur und den pH, nicht für den Druck, der aber bei dem Bakterienstoffwechsel eine geringere Rolle spielt, als man im Allgemeinen annimmt. Die angegebenen freien Energien sind also von Interesse vom relativen und vergleichenden Standpunkt.

Herr Jaenicke: Noch eine ganz kurze Frage: Sind schwermetallbindende Thiolproteine in diesen Organismen gefunden worden, in den Mikro- oder Makroorganismen?

Herr Jannasch: Danach ist, soviel ich weiß, noch nicht gesucht worden. Wir haben die toxischen Effekte von Schwermetallionen auf das Wachstum der Archaebakterien untersucht und sehr viel höhere Grenzwerte gefunden, als aus der Literatur für Bakterien bekannt sind. Die dieser größeren Toleranz zugrundeliegenden Mechanismen kennen wir aber nicht.

Herr Sahm: Ich möchte noch einmal auf die Mikroorganismen in den Röhrenwürmern zurückkommen; dies ist ja ein sehr interessantes System. Sie waren etwas vorsichtig und meinten, es seien Prokaryonten, aber sie wären noch nicht isoliert worden. Sind diese Organismen sehr schwer zu isolieren?
Da die Röhrenwürmer von den Mikroorganismen leben, stellt sich ferner die Frage, ob diese bestimmte Produkte ausscheiden oder insgesamt verdaut werden?

Herr Jannasch: Wenn man an die Entdeckung der Knöllchenbakterien von den Leguminosen zurückdenkt, dann erinnert man sich, daß es fast zwanzig Jahre bis zur ersten Isolierung gedauert hat. Auf die prokaryotische Natur der Symbionten wird von ihrer Morphologie her geschlossen. Daß sie so schwer zu isolieren sind, kann viele Gründe haben. Während es sich in den Muscheln um nur eine Art von Symbionten zu handeln scheint, sind aus den Würmern verschiedene Bakterien isoliert worden, die aber nicht die eigentlichen Symbionten zu sein scheinen. Eine solche „unreine" Kultur verschiedener Organismen neben den Symbionten ist etwas Neues. Man weiß zumindest, daß Larven der Pogonophoren noch einen Mund haben, durch den sie externe Bakterien aufnehmen, worunter auch die externe Form der eigentlichen Symbionten enthalten sein muß. Wenn sich der Mund schließt, ist die einmalige „Beimpfung" des Tieres abgeschlossen, und was sich nun weiterentwickelt, scheint nicht notwendigerweise auf eine Reinkultur des eigentlichen Symbionten abzuzielen. Man könnte diesen Fall auch eine interzelluläre Symbiose nennen (um auf die Frage von Herrn Pühler zurückzukommen), wobei aber noch nicht klar ist, um was für ein Organ es sich handelt, aus dem sich das Trophosom entwickelt hat.

Herr Sahm: Scheiden sie bestimmte Produkte aus?

Herr Jannasch: Wir wissen nicht, ob konkrete Produkte ausgeschieden werden. Es sieht so aus, als ob eine Autolyse der Symbionten stattfindet, deren gesamter

Inhalt vom Blut aufgenommen wird. Was mit dem Zellwandmaterial passiert, ist ebenfalls unbekannt. Den Nephridien ähnliche Organe hat man bisher nicht gefunden. Mein häufiges Verwenden von „es scheint" und „man nimmt an" geht darauf zurück, daß man noch nicht mit lebenden Tieren arbeiten kann.

Herr Neumann: Ich habe zwei Fragen. Auf dem ersten Tiefseebild, das Sie zeigten, sah man einen Fisch. Weshalb fehlen Fischschwärme an den Tiefseequellen?

Zur zweiten Frage. Sie sprachen von einer Langzeitrhythmik bei den Magmakammern, die sich abkühlen und vom Meerwasser durchströmt werden und die sich dann wieder mit heißem Magma füllen. Weiß man etwas über die Periode dieser Rhythmik und der daraus resultierenden Dynamik von Besiedlung und Absterben der Biozönosen an solchen Quellen?

Herr Jannasch: Zur ersten Frage: Fischschwärme sind an den Quellen noch nie gesehen worden, aber eine Reihe verschiedener Fischarten in wenigen Exemplaren. Ich erinnere mich, in der trüben Bakteriensuspension einer der Warmwasserquellen eine merkwürdige flammenartig sich bewegende Struktur beobachtet zu haben, die sich dann als zu einem Fisch gehörig herausstellte, dessen Schwanz senkrecht nach oben zeigend in der trüben Bakteriensuspension schwer auszumachen war. Dieser Fisch, der später als „vent fish" beschrieben wurde und zu den Bythiliden gehört, muß ungeheure Konzentrationen von H_2S vertragen können. Daß eine solche Adaptation nicht zur Bildung ganzer Fischschwärme führt, mag an der in ihrer Gesamtheit geringen Nahrungsproduktion der Quellgebiete liegen.

Zur zweiten Frage: Der Rhythmus von Erwärmung und Abkühlung der Magmakammern wird auf etwa 18 000 Jahre geschätzt. In diesen Zeiträumen finden die frischen Lavaausbrüche und die Phasen der Seewasserzirkulation statt. Davon ganz unabhängig haben die „smokers" eine Lebensdauer von einigen bis zehn Jahren. Die unter der Lavaoberfläche liegenden Heißwasserkanäle scheiden Polymetallsulfide ab, die sie mit der Zeit regelrecht verstopfen. Wenn der Druck dadurch ansteigt, bricht eine neue Quelle an einer anderen Stelle wieder aus. Die Entfernung zwischen der alten und der neuen Quelle kann von wenigen Metern bis zu einigen Kilometern betragen. Das bedeutet für die Tierpopulationen, daß deren planktische Stadien, meist Larven, aber auch Eier, mit Hilfe der Wasserströmung oder auch der bis 200 m hoch steigenden „plumes" bis zu diesen neuen Quellgebieten gelangen müssen. Diese prekäre Situation resultiert in Populationen verschiedenster Zusammensetzung. Wenn der H_2S-haltige Quellfluß wieder versiegt, stirbt die gesamte Quellpopulation ab, zuletzt auch die Predatoren, die Krebse.

Herr Thurm: Die geographische Isolierung von Populationen spielt ja eine große Rolle für die Evolution. Hier ist die merkwürdige besondere Situation gegeben, daß gewissermaßen eine eindimensionale Erstreckung der Biotope vorliegt, wenn ich das richtig sehe, d. h. nur längs der Rinnen. Gibt es schon Aufnahmen über die geographische Verbreitung der Spezies, so daß man über diesen Aspekt der Evolution etwas sagen kann? Inwieweit sind zum Beispiel Kosmopoliten dabei, die sich längs der Rinnen über die Erde verbreitet haben? Sie haben ozeanische Spezialitäten gezeigt. Aber vielleicht gibt es auch manches nicht Spezielle. Wie sieht es damit aus?

Herr Jannasch: Bei dieser Frage muß man berücksichtigen, daß die bisher untersuchten Areale winzig sind im Verhältnis zum gesamten Bereich der Tiefsee. Quellgebiete und ihre Populationen erstrecken sich oft nicht weiter als bis zu der Größe dieses Saals. Wenn auch etwa einhundert solcher Quellgebiete heute bekannt sind, ist das doch im Vergleich zu den insgesamt 60 000 km langen Spaltungszonen nicht viel. Wir haben nur ein Forschungstauchboot zur Verfügung. Aber da die Franzosen, Russen und Japaner jetzt je zwei ähnliche Boote haben, kann es bald anders aussehen. Wir erwarten, zum Beispiel, weitere Überraschungen an den Spaltungszonen des Indischen Ozeanes, wo sich Ähnliches wie die unerwartete Verschiedenartigkeit der atlantischen von den pazifischen Quelltierpopulationen wiederholen kann.

Herr Thurm: Gibt es auch Kosmopoliten an den untersuchten Quellen?

Herr Jannasch: Ja. Die an allen Quellen vorkommenden Krebse, die Galatheiden, sind, wie man von vielen Tiefseeuntersuchungen weiß, typische Kosmopoliten. Man findet diese im Licht der Tauchboote leuchtend weißen Krebse in unmittelbarer Umgebung der Quellen in ansteigenden Zahlen, so daß sich die Piloten der Tauchboote oft nach diesem Hinweis auf ein in der Nähe liegendes Quellgebiet richten. Ebenfalls Kosmopoliten sind die „rat tails", typische Tiefseewasserfische, die aber im Gegensatz zu den Galatheiden selten und nur einzeln an Thermalquellen anzutreffen sind. Es ist möglich, daß es den primitiveren Krebsen eher möglich ist als den Fischen, sich an die giftigen H_2S-Gehalte der Quellgebiete zu adaptieren. Der oben erwähnte „vent fish" mag dabei die regelbestätigende Ausnahme machen.

Herr Schreyer: Ich habe noch eine ganz kurze Frage zu der Chemie der nicht so ganz heißen Quellen von nur zwanzig Grad. Die sehen sehr sauber aus und haben keine smoker. Gibt es da auch Absätze? Bringen die auch H_2S mit?

Diskussion

Herr Jannasch: Bei den etwa 20 °C warmen Quellen handelt es sich um ursprünglich 350° bis 360° heißes Thermalwasser, das sich mit kaltem Seewasser unterhalb des Meeresbodens vermischt hat. Es enthält immer noch H_2S, wenn auch in viel geringeren Konzentrationen als das unvermischte Thermalwasser, und dazu Suspensionen von Bakterien, die die H_2S-Konzentration weiter herabsetzen. Das warme Thermalwasser ist deshalb nicht eigentlich „sauber", sondern enthält meist Bakteriensuspensionen. Es gibt gelegentlich Quellen, die Thermalwasser von 150° oder 250° ausstoßen. Dabei handelt es sich immer um ehemalige „smokers", die – einfach ausgedrückt – Löcher haben. Durch Abkühlen lösen sich die nur bei hoher Temperatur beständigen Anhydritbestandteile auf und machen die „smoker"-Wände porös. Bei starker Strömung dringt kaltes Wasser durch den Venturi-Effekt nach innen, wo es sich mit dem heißen Wasser mischt, vermehrte Sulfidausfällung hervorruft und die Gesamttemperatur herabsetzt. Man kann diese Mischung der Thermalflüssigkeit mit Seewasser durch den Magnesiumgehalt feststellen.

Veröffentlichungen
der Nordrhein-Westfälischen Akademie der Wissenschaften

Neuerscheinungen 1988 bis 1994

Vorträge N
Heft Nr.

NATUR-, INGENIEUR- UND WIRTSCHAFTSWISSENSCHAFTEN

359	Wolfgang Kundt, Bonn	Kosmische Überschallstrahlen
	Theo Mayer-Kuckuk, Bonn	Das Kühler-Synchrotron COSY und seine physikalischen Perspektiven
360	Frederick H. Epstein, Zürich	Gesundheitliche Risikofaktoren in der modernen Welt
	Günther O. Schenck, Mülheim/Ruhr	Zur Beteiligung photochemischer Prozesse an den photodynamischen Lichtkrankheiten der Pflanzen und Bäume („Waldsterben')
361	Siegfried Batzel, Herten	Die Nutzung von Kohlelagerstätten, die sich den bekannten bergmännischen Gewinnungsverfahren verschließen
		Jahresfeier am 11. Mai 1988
362	Erich Sackmann, München	Biomembranen: Physikalische Prinzipien der Selbstorganisation und Funktion als integrierte Systeme zur Signalerkennung, -verstärkung und -übertragung auf molekularer Ebene
	Kurt Schaffner, Mühlheim/Ruhr	Zur Photophysik und Photochemie von Phytoschrom, einem photomorphogenetischen Regler in grünen Pflanzen
363	Klaus Knizia, Dortmund	Energieversorgung im Spannungsfeld zwischen Utopie und Realität
	Gerd H. Wolf, Jülich	Fusionsforschung in der Europäischen Gemeinschaft
364	Hans Ludwig Jessberger, Bochum	Geotechnische Aufgaben der Deponietechnik und der Altlastensanierung
	Egon Krause, Aachen	Numerische Strömungssimulation
365	Dieter Stöffler, Münster	Geologie der terrestrischen Planeten und Monde
	Hans Volker Klapdor, Heidelberg	Der Beta-Zerfall der Atomkerne und das Alter des Universums
366	Horst Uwe Keller, Katlenburg-Lindau	Das neue Bild des Planeten Halley – Ergebnisse der Raummissionen
	Ulf von Zahn, Bonn	Wetter in der oberen Atmosphäre (50 bis 120 km Höhe)
367	Jozef S. Schell, Köln	Fundamentales Wissen über Struktur und Funktion von Pflanzengenen eröffnet neue Möglichkeiten in der Pflanzenzüchtung
368	Frank H. Hahn, Cambridge	Aspects of Monetary Theory
370	Friedrich Hirzebruch, Bonn	Codierungstheorie und ihre Beziehung zu Geometrie und Zahlentheorie
	Don Zagier, Bonn	Primzahlen: Theorie und Anwendung
371	Hartwig Höcker, Aachen	Architektur von Makromolekülen
372	János Szentágothai, Budapest	Modulare Organisation nervöser Zentralorgane, vor allem der Hirnrinde
373	Rolf Staufenbiel, Aachen	Transportsysteme der Raumfahrt
	Peter R. Sahm, Aachen	Werkstoffwissenschaften unter Schwerelosigkeit
374	Karl-Heinz Büchel, Leverkusen	Die Bedeutung der Produktinnovation in der Chemie am Beispiel der Azol-Antimykotika und -Fungizide
375	Frank Natterer, Münster	Mathematische Methoden der Computer-Tomographie
	Rolf W. Günther, Aachen	Das Spiegelbild der Morphe und der Funktion in der Medizin
376	Wilhelm Stoffel, Köln	Essentielle makromolekulare Strukturen für die Funktion der Myelinmembran des Zentralnervensystems
377	Hans Schadewaldt, Düsseldorf	Betrachtungen zur Medizin in der bildenden Kunst
378	6. Akademie-Forum	Arzt und Patient im Spannungsfeld: Natur – technische Möglichkeiten – Rechtsauffassung
	Wolfgang Klages, Aachen	Patient und Technik
	Hans-Erhard Bock, Tübingen, Hans-Ludwig Schreiber, Hannover	Patientenaufklärung und ihre Grenzen
	Herbert Weltrich, Düsseldorf	Ärztliche Behandlungsfehler
	Paul Schölmerich, Mainz Günter Solbach, Aachen	Ärztliches Handeln im Grenzbereich von Leben und Sterben
379	Hermann Flohn, Bonn	Treibhauseffekt der Atmosphäre: Neue Fakten und Perspektiven
	Dieter Hans Ehhalt, Jülich	Die Chemie des antarktischen Ozonlochs
380	Gerd Herziger, Aachen	Anwendungen und Perspektiven der Lasertechnik
	Manfred Weck, Aachen	Erhöhung der Bearbeitungsgenauigkeit – eine Herausforderung an die Ultrapräzisionstechnik

381	Wilfried Ruske, Aachen	Planung, Management, Gestaltung – aktuelle Aufgaben des Stadtbauwesens
382	Sebastian A. Gerlach, Kiel	Flußeinträge und Konzentrationen von Phosphor und Stickstoff und das Phytoplankton der Deutschen Bucht
	Karsten Reise, Sylt	Historische Veränderungen in der Ökologie des Wattenmeeres
383	Lothar Jaenicke, Köln	Differenzierung und Musterbildung bei einfachen Organismen
	Gerhard W. Roeb, Fritz Führ, Jülich	Kurzlebige Isotope in der Pflanzenphysiologie am Beispiel des ^{11}C-Radiokohlenstoffs
384	Sigrid Peyerimhoff, Bonn	Theoretische Untersuchung kleiner Moleküle in angeregten Elektronenzuständen
	Siegfried Matern, Aachen	Konkremente im menschlichen Organismus: Aspekte zur Bildung und Therapie
385	Parlamentarisches Kolloquium	Wissenschaft und Politik – Molekulargenetik und Gentechnik in Grundlagenforschung, Medizin und Industrie
386	Bernd Höfflinger, Stuttgart	Neuere Entwicklungen der Silizium-Mikroelektronik
387	János Kertész, Köln	Tröpfchenmodelle des Flüssig-Gas-Übergangs und ihre Computer-Simulation
388	Erhard Hornbogen, Bochum	Legierungen mit Formgedächtnis
389	Otto D. Creutzfeld, Göttingen	Die wissenschaftliche Erforschung des Gehirns: Das Ganze und seine Teile
390	Friedhelm Stangenberg, Bochum	Qualitätssicherung und Dauerhaftigkeit von Stahlbetonbauwerken
391	Helmut Domke, Aachen	Aktive Tragwerke
392	Sir John Eccles, Contra	Neurobiology of Cognitive Learning
393	Klaus Kirchgässner, Stuttgart	Struktur nichtlinearer Wellen – ein Modell für den Übergang zum Chaos
394	Hermann Josef Roth, Tübingen	Das Phänomen der Symmetrie in Natur- und Arzneistoffen
	Rudolf K. Thauer, Marburg	Warum Methan in der Atmosphäre ansteigt. Die Rolle von Archaebakterien
395	Guy Ourisson, Straßburg	Die Hopanoide
	Werner Schreyer, Bochum	Ultra-Hochdruckmetamorphose von Gesteinen als Resultat von tiefer Versenkung kontinentaler Erdkruste
396	Gottfried Bombach, Basel	Zyklen im Ablauf des Wirtschaftsprozesses – Mythos und Realität
	Knut Bleicher, St Gallen	Unternehmungsverfassung und Spitzenorganisation in internationaler Sicht
397	Jean-Michel Grandmont, Paris	Expectations Driven Nonlinear Business Cycles
	Martin Weber, Kiel	Ambiguitätseffekte in experimentellen Märkten
398	Alfred Pühler, Bielefeld	Bakterien–Pflanzen–Interaktion: Analyse des Signalaustausches zwischen den Symbiosepartnern bei der Ausbildung von Luzerneknöllchen
399	Horst Kleinkauf, Berlin	Enzymatische Synthese biologisch aktiver Antibiotikapeptide und immunologisch suppressiver Cyclosporinderivate
	Helmut Sies, Düsseldorf	Reaktive Sauerstoffspezies: Prooxidantien und Antioxidantien in Biologie und Medizin
400	Herbert Gleiter, Saarbrücken	Nanostrukturierte Materialien
	Hans Lüth, Jülich	Halbleiterheterostrukturen: Große Möglichkeiten für die Mikroelektronik und die Grundlagenforschung
401	Gerhard Heimann, Aachen	Medikamentöse Therapie im Kindesalter
	Egon Macher, Münster/Westf.	Die Haut als immunologisch aktives Organ
402	Konstantin-Alexander Hossmann, Köln	Mechanismen der ischämischen Hirnschädigung
	Herrmann M. Bolt, Dortmund	Zur Voraussagbarkeit toxikologischer Wirkungen: Kanzerogenität von Alkenen
403	Volker Weidemann, Kiel	Endstadien der Sternentwicklung
	Alfred Müller, Erlangen	Quantenmechanische Rotationsanregungen in Kristallen
404	Matthias Kreck, Mainz	Positive Krümmung und Topologie
405	Benno Parthier, Halle	Problemfelder der zusammengefügten deutschen Wissenschaftslandschaft
	Erhard Hornbogen, Bochum	Kreislauf der Werkstoffe
406	Hubert Markl, Konstanz, Berlin	Wissenschaftliche Eliten und wissenschaftliche Verantwortung in der industriellen Massengesellschaft
407	Joachim Trümper, Garching	Was der Röntgensatellit ROSAT entdeckte
	Dietrich Neumann, Köln	Ökologische Probleme im Rheinstrom
408	Wilfried Werner, Bonn	Recycling biogener Siedlungsabfälle in der Landwirtschaft

ABHANDLUNGEN

Band Nr.

70	Werner H. Hauss, Münster Robert W. Wissler, Chicago	Second Münster International Arteriosclerosis Symposium: Clinical Implications of Recent Research Results in Arteriosclerosis
71	Elmar Edel, Bonn	Die Inschriften der Grabfronten der Siut-Gräber in Mittelägypten aus der Herakleopolitenzeit
72	(Sammelband)	Studien zur Ethnogenese
	Wilhelm E. Mühlmann	Ethnogonie und Ethnogonese
	Walter Heissig	Ethnische Gruppenbildung in Zentralasien im Licht mündlicher und schriftlicher Überlieferung
	Karl J. Narr	Kulturelle Vereinheitlichung und sprachliche Zersplitterung: Ein Beispiel aus dem Südwesten der Vereinigten Staaten
	Harald von Petrikovits	Fragen der Ethnogenese aus der Sicht der römischen Archäologie
	Jürgen Untermann	Ursprache und historische Realität. Der Beitrag der Indogermanistik zu Fragen der Ethnogenese
	Ernst Risch	Die Ausbildung des Griechischen im 2. Jahrtausend v. Chr.
	Werner Conze	Ethnogenese und Nationsbildung – Ostmitteleuropa als Beispiel
73	Nikolaus Himmelmann, Bonn	Ideale Nacktheit
74	Alf Önnerfors, Köln	Willem Jordaens, *Conflictus virtutum et viciorum*. Mit Einleitung und Kommentar
75	Herbert Lepper, Aachen	Die Einheit der Wissenschaften: Der gescheiterte Versuch der Gründung einer „Rheinisch-Westfälischen Akademie der Wissenschaften" in den Jahren 1907 bis 1910
76	Werner H. Hauss, Münster Robert W. Wissler, Chicago Jörg Grünwald, Münster	Fourth Münster International Arteriosclerosis Symposium: Recent Advances in Arteriosclerosis Research
77	Elmar Edel, Bonn	Die ägyptisch-hethitische Korrespondenz (2 Bände)
78	(Sammelband)	Studien zur Ethnogenese, Band 2
	Rüdiger Schott	Die Ethnogenese von Völkern in Afrika
	Siegfried Herrmann	Israels Frühgeschichte im Spannungsfeld neuer Hypothesen
	Jaroslav Šašel	Der Ostalpenbereich zwischen 550 und 650 n. Chr.
	András Róna-Tas	Ethnogenese und Staatsgründung. Die türkische Komponente bei der Ethnogenese des Ungartums
	Register zu den Bänden 1 (Abh 72) und 2 (Abh 78)	
79	Hans-Joachim Klimkeit, Bonn	Hymnen und Gebete der Religion des Lichts. Iranische und türkische Texte der Manichäer Zentralasiens
80	Friedrich Scholz, Münster	Die Literaturen des Baltikums. Ihre Entstehung und Entwicklung
81	Walter Mettmann, Münster (Hrsg.)	Alfonso de Valladolid, *Ofrenda de Zelos* und *Libro de la Ley*
82	Werner H. Hauss, Münster Robert W. Wissler, Chicago H.-J. Bauch, Münster	Fifth Münster International Arteriosclerosis Symposium: Modern Aspects of the Pathogenesis of Arteriosclerosis
83	Karin Metzler, Frank Simon, Bochum	Ariana et Athanasiana. Studien zur Überlieferung und zu philologischen Problemen der Werke des Athanasius von Alexandrien.
84	Siegfried Reiter / Rudolf Kassel, Köln	Friedrich August Wolf. Ein Leben in Briefen. Ergänzungsband, I: Die Texte; II: Die Erläuterungen
85	Walther Heissig, Bonn	Heldenmärchen versus Heldenepos? Strukturelle Fragen zur Entwicklung altaischer Heldenmärchen
86	Hans Rothe, Bonn	*Die Schlucht*. Ivan Gontscharov und der „Realismus" nach Turgenev und vor Dostojevski (1849–1869)
87	Werner H. Hauss, Münster Robert W. Wissler, Chicago H.-J. Bauch, Münster	Sixth Münster International Arteriosclerosis Symposium: New Aspects of Metabolismn and Behaviour of Mesenchymal Cells during the Pathogenesis of Arteriosclerosis
88	Peter Zieme, Berlin	Religion und Gesellschaft im Uigurischen Königreich von Qočo
89	Karl H. Menges, Wien	Drei Schamanengesänge der Ewenki-Tungusen Nord-Sibiriens
91	T. Certorickaja, Moskau	Vorläufiger Katalog Kirchenslavischer Homilien des beweglichen Jahreszyklus
92	Walter Mettmann, Münster (Hrsg.)	Alfonso de Valladolid, *Mostrador de Justicia*

Sonderreihe PAPYROLOGICA COLONIENSIA

Vol. V: *Angelo Geißen, Köln* *Wolfram Weiser, Köln*	Katalog Alexandrinischer Kaisermünzen der Sammlung des Instituts für Altertumskunde der Universität zu Köln Band 1: Augustus-Trajan (Nr. 1–740) Band 2: Hadrian-Antoninus Pius (Nr. 741–1994) Band 3: Marc Aurel-Gallienus (Nr. 1995–3014) Band 4: Claudius Gothicus – Domitius Domitianus, Gau-Prägungen, Anonyme Prägungen, Nachträge, Imitationen, Bleimünzen (Nr. 3015–3627) Band 5: Indices zu den Bänden 1 bis 4
Vol. VII	Kölner Papyri (P. Köln)
Bärbel Kramer und Robert Hübner (Bearb.), Köln	Band 1
Bärbel Kramer und Dieter Hagedorn (Bearb.), Köln	Band 2
Bärbel Kramer, Michael Erler, Dieter Hagedorn und Robert Hübner (Bearb.), Köln	Band 3
Bärbel Kramer, Cornelia Römer und Dieter Hagedorn (Bearb.), Köln	Band 4
Michael Gronewald, Klaus Maresch und Wolfgang Schäfer (Bearb.), Köln	Band 5
Michael Gronewald, Bärbel Kramer, Klaus Maresch, Maryline Parca und Cornelia Römer (Bearb.)	Band 6
Michael Gronewald, Klaus Maresch (Bearb.), Köln	Band 7
Vol. VIII: *Sayed Omar (Bearb.), Kairo*	Das Archiv des Soterichos (P. Soterichos)
Vol. IX	Kölner ägyptische Papyri (P. Köln ägypt.)
Dieter Kurth, Heinz-Josef Thissen und Manfred Weber (Bearb.), Köln	Band 1
Vol. X: *Jeffrey S. Rusten, Cambridge, Mass.*	Dionysius Scytobrachion
Vol. XI: *Wolfram Weiser, Köln*	Katalog der Bithynischen Münzen der Sammlung des Instituts für Altertumskunde der Universität zu Köln Band 1: Nikaia. Mit einer Untersuchung der Prägesysteme und Gegenstempel
Vol. XII: *Colette Sirat, Paris u. a.*	La *Ketouba* de Cologne. Un contrat de mariage juif à Antinoopolis
Vol. XIII: *Peter Frisch, Köln*	Zehn agonistische Papyri
Vol. XIV: *Ludwig Koenen, Ann Arbor* *Cornelia Römer (Bearb.), Köln*	Der Kölner Mani-Kodex. Über das Werden seines Leibes. Kritische Edition mit Übersetzung.
Vol. XV: *Jaakko Frösen, Helsinki/Athen* *Dieter Hagedorn, Heidelberg (Bearb.))*	Die verkohlten Papyri aus Bubastos (P. Bub.) Band 1
Vol. XVI: *Robert W. Daniel, Köln* *Franco Maltomini, Pisa (Bearb.)*	Supplementum Magicum Band 1 Band 2
Vol. XVII: *Reinhold Merkelbach,* *Maria Totti (Bearb.), Köln*	Abrasax. Ausgewählte Papyri religiösen und magischen Inhalts Band 1 und Band 2: Gebete Band 3: Zwei griechisch-ägyptische Weihezeremonien
Vol. XVIII: *Klaus Maresch, Köln* *Zola M. Packmann, Pietermaritzburg, Natal (eds.)*	Papyri from the Washington University Collection, St. Louis, Missouri
Vol. XIX: *Robert W. Daniel, Köln (ed.)*	Two Greek Papyri in the National Museum of Antiquities in Leiden
Vol. XX: *Erika Zwierlein-Diehl, Bonn (Bearb.)*	Magische Amulette und andere Gemmen des Instituts für Altertumskunde der Universität zu Köln
Vol. XXI: *Klaus Maresch, Köln*	Nomisma und Nomismatia. Beiträge zur Geldgeschichte Ägyptens im 6. Jahrhundert n. Chr.
Vol. XXII: *Roy Kotansky, Köln*	Greek Magical Amulets. The Inscribed Gold, Silver, Copper, and Bronze *Lamellae* Part I: Published Texts of Known provenance